JN001001

ゲンバの日本語

単語帳

建設・設備

働く外国人のためのことば

一般財団法人海外産業人材育成協会　著

スリーエーネットワーク

Published by 3A Corporation.
Trusty Kojimachi Bldg., 2F, 4, Kojimachi 3-Chome, Chiyoda-ku, Tokyo 102-0083, Japan

ISBN978-4-88319-900-6 C0081

First published 2022
Printed in Japan

はじめに

本書は、外国人材の就労や技能実習生や技術研修生の研修などで必要となる「現場のことば」を集めました。働く現場では、「納期」「組み立てる」「5S」といった一般向けの日本語教材では学習しないことばが飛び交っています。本書は、それらのことばを日本語学習の初級者でも学習できることを目指して、必要最小限のことばを厳選し、効率よく学べる工夫をしました。ぜひ、すきま時間にさっと取り出して、ゲンバのことばを覚えてください！

Preface

This book contains workplace words needed for purposes such as employment of non-Japanese workers and training of technical interns and trainees. Words not covered in ordinary Japanese learning materials, such as "the delivery date," "assemble," and "5S," are used often in the workplace. Intended to help even beginner learners of Japanese learn such words, this book has been designed to enable efficient learning by carefully selecting only the minimum words necessary. Readers are encouraged to refer to it in their spare moments to learn workplace terminology.

前言

本书收集了外国人才就业、技能实习生和技术进修生的研修等所需的"现场用语"。在工作现场，"交货期"、"组装"、"5S"等面向一般人的日语教材中无需学习的用语层出不穷。本书为了提高学习效率，并且让日语学习的初学者也有机会学习这些用语，在必要最小限度的范围内进行了精选。请一定要活用间隙时间，使用本书牢记各种现场用语！

Lời nói đầu

Quyển sách này tập hợp các "từ vựng tại hiện trường làm việc" cần thiết dành cho lao động người nước ngoài làm việc tại Nhật Bản và dành cho việc đào tạo thực tập sinh kỹ năng, tu nghiệp sinh, v.v... Tại hiện trường làm việc, bạn sẽ thường xuyên nghe thấy những từ vựng chưa từng được học trong các giáo trình tiếng Nhật thông thường, chẳng hạn như "thời hạn giao hàng/hạn chót", "lắp ráp", "5S". Trong quyển sách này, chúng tôi đã chọn lọc kỹ các từ vựng tối thiểu cần thiết và tốn nhiều công sức biên soạn để người học có thể học với hiệu quả cao, nhằm mục đích để ngay cả người học tiếng Nhật trình độ sơ cấp cũng có thể học được những từ vựng đó. Vào những khoảng thời gian rảnh rỗi, bạn hãy tranh thủ lấy sách này ra và cố gắng học, nhớ các từ vựng của nơi làm việc nhé!

คำนำ

แบบเรียนฉบับนี้ ได้รวบรวม "คำศัพท์ที่ใช้ในสถานที่ทำงาน" ที่จำเป็นต่อการสมัครงานของบุคลากรต่างชาติ, ผู้ฝึกงานทางด้านทักษะ หรือ ผู้ฝึกอบรมทางด้านเทคโนโลยี อย่างเช่น เรื่องเกี่ยวกับ "กำหนดการส่งมอบ" "ประกอบ" "5S" อยู่รายรอบตัว ซึ่งเป็นคำพูดที่ศึกษาไม่ได้จากแบบเรียนภาษาญี่ปุ่นทั่วไป
เอกสารนี้มุ่งหวังให้สามารถศึกษาคำเหล่านั้นได้แม้จะเป็นผู้ศึกษาภาษาญี่ปุ่นเบื้องต้น โดยได้คัดเลือกคำที่อย่างน้อยจำเป็นต้องศึกษาและประยุกต์ให้สามารถศึกษาได้อย่างมีประสิทธิภาพ กรุณาหยิบมันออกมาในเวลาว่างแล้วจดจำคำพูดในสถานที่ทำงานให้ได้กัน!

Pendahuluan

Buku ini mengumpulkan "kata-kata lapangan" yang dibutuhkan dalam pekerjaan oleh sumber daya manusia orang asing atau peserta pemagangan dan peserta pelatihan teknis. Di lapangan kerja banyak terdapat kata-kata seperti "waktu pengiriman/batas waktu," "merakit", "5R" yang tidak dipelajari dalam buku pelajaran Bahasa Jepang untuk umum. Buku ini bertujuan agar para pemula yang belajar Bahasa Jepang dapat mempelajari kata-kata tersebut, dengan memilih secara selektif kata-kata minimal yang dibutuhkan dengan dirancang secara efisien untuk belajar. Ayo gunakan waktu senggang untuk menghafal kata-kata lapangan!

ဦးစွာ

ဤစာအုပ်တွင် နိုင်ငံခြားသား လူ့စွမ်းအားအရင်းအမြစ်များ အလုပ်လုပ်ခြင်း၊ နည်းပညာဆိုင်ရာ အလုပ်သင်သင်တန်းသား နှင့် နည်းပညာလေ့ကျင့်ရေးသင်တန်းသားများ၏ လေ့ကျင့်ရေးတွင် လိုအပ်သော "အလုပ်ခွင်သုံး စကားလုံးများ" ကို စုစည်းထားသည်။ အလုပ်လုပ်သော နေရာတွင် "ပေးပို့ရမည့်အချိန်" "တပ်ဆင်သည်" "5S" ဟုဆိုသည့် အများသုံး ဂျပန်ဘာသာစကား သင်ထောက်ကူတွင် မသင်ခဲ့ရသော စကားလုံးများ ထွက်လာတတ်သည်။ ဤစာအုပ်တွင် အဆိုပါ စကားလုံးများကို ဂျပန်ဘာသာစကား သင်ယူဆဲဖြစ်သော အခြေခံသင်ယူနေသူများပါ သင်ယူနိုင်ရန် ရည်ရွယ်၍၊ အနည်းဆုံးလိုအပ်သည့် စကားလုံးများကို သေသေချာချာ ရွေးချယ်ထားကာ၊ ထိထိရောက်ရောက် သင်ယူနိုင်ရန် ဖန်တီးထားသည်။ အချိန်ရသည်နှင့် ထုတ်ကာ အလုပ်ခွင်သုံး စကားလုံးများကို သေချာပေါက် မှတ်သားထားပါ။

目次 Contents 目录 Mục lục สารบัญ Daftar isi မာတိကာ

パート 2　分野別語彙　建設・設備

Part 2　Sectoral Vocabulary　Construction and Facilities
第 2 部分　各领域词汇　建筑施工・设备
Phần 2　Từ vựng theo lĩnh vực　Ngành xây dựng/thiết bị
ส่วนที่ 2　คำศัพท์เฉพาะสาขา　ก่อสร้าง·อุปกรณ์
Bagian 2　Kosakata Tiap Bidang　Konstruksi dan Fasilitas
အပိုင်း 2　ကဏ္ဍာအလိုက်ဝေါဟာရများ　တည်ဆောက်ခြင်း၊စက်ပစ္စည်းကိရိယာများ/Facility

本書を使用される方へ

本書の特長

①入門者・初級前半の人も学びやすい例文

・初級前半の文型（*）を使用

・20 文字程度で理解しやすい

・建設・設備のゲンバを想定した表現

(*)『みんなの日本語　初級Ⅰ』20 課までの文型を使用。一部よく使う表現に限り例外あり。

②6 言語による翻訳付き

英語・中国語・ベトナム語・タイ語・インドネシア語・ミャンマー語を掲載。多国籍クラスで使用可能。

③必要なところから学習できる構成

・「共通基礎語彙」136 語（業種を問わず働く現場で共通して使うことば）

・「分野別語彙」164 語（建設・設備で使うことば）

さらに、それぞれトピックごとにまとめて掲載。

補助教材

①練習問題

スリーエーネットワークのウェブサイトに練習問題（PDF 形式）があります。ことばの使い方を練習しましょう。

②アプリ

見出し語の意味と、音声を確認できるアプリがあります。音声は無料で聞けますので、ぜひ聞いてみましょう。

https://www.3anet.co.jp/np/books/4236/

本書の使い方

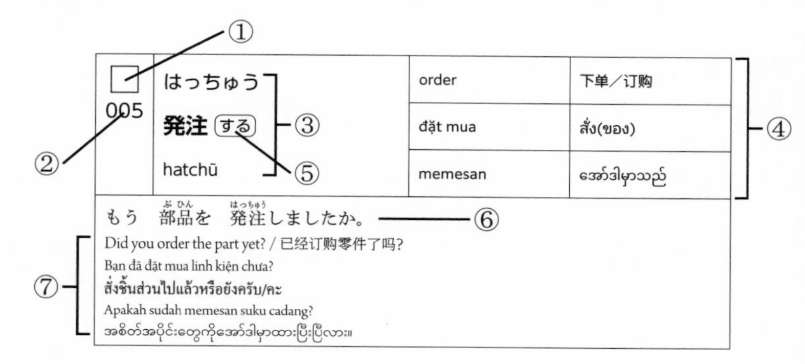

①
②
③
④
⑤
⑥
⑦
005
はっちゅう
発注 する
hatchū
order
下单／订购
đặt mua
สั่ง(ของ)
memesan
အော်ဒါမှာသည်
もう　部品を　発注しましたか。
Did you order the part yet? / 已经订购零件了吗?
Bạn đã đặt mua linh kiện chưa?
สั่งชิ้นส่วนไปแล้วหรือยังครับ/คะ
Apakah sudah memesan suku cadang?
အစိတ်အပိုင်းတွေကိုအော်ဒါမှာထားပြီးပြီလား။

①覚えたものをチェックしたり、必要な語彙にしるしを付けたりするのに使います。

② 001 から 300 まであります。

③覚えることばです。

④見出し語の各国語訳です。英語、中国語、ベトナム語、タイ語、インドネシア語、ミャンマー語があります。

⑤「する」を付けて、動詞としてもよく使われる名詞です。

⑥見出し語を使った例文です。

⑦例文の各国語訳です。

学習方法の例

①ことばの意味を確認しましょう。アプリの音声を聞いて発音してみましょう。

②例文を読みましょう。

③翻訳を見て、例文の意味やことばの使い方を確認しましょう。

④使えそうな例文は、何度も発音して覚えましょう。

⑤ウェブサイトにある練習問題をやってみましょう。

To users of this book

This book's strong points

① Its example sentences make study easier for introductory-level and lower-elementary-level learners.

- Uses sentence patterns at the lower-elementary level *
- Easy-to-understand sentences of about 20 characters
- Expressions suited to construction and facilities's workplaces

* Uses sentence patterns from lessons 1-20 of『みんなの日本語　初級Ⅰ』. Some common expressions are exceptionally used.

② Includes translations into six languages

Includes English, Chinese, Vietnamese, Thai, Indonesian, and Myanmar translations. Suitable for use in multinational classes.

③ Its structure is intended to let learners start with the knowledge they need.

- 136 common basic vocabulary (words used commonly in workplaces in any industry)
- 164 Sectoral Vocabulary (words used in construction and facilities)

Lessons also are grouped by topic.

Supplementary learning materials

① Practice question

Practice questions (in PDF format) are available on the 3A Corporation website. Use them to practice using the words.

② APP

Use the app to check the meanings and pronunciations of headwords. As you can listen to the audio content for free, be sure to use it.

https://www.3anet.co.jp/np/books/4236/

Using this book

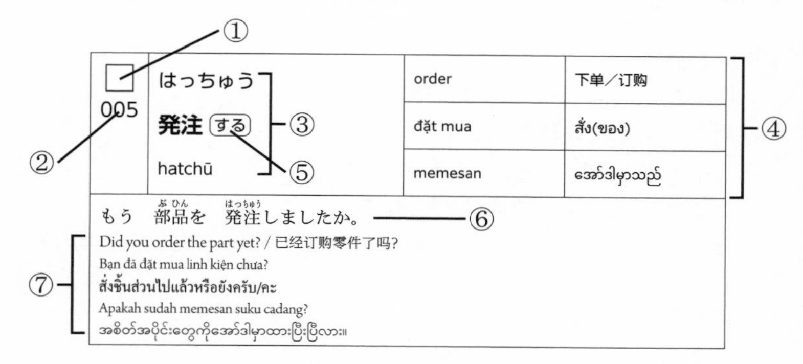

①
005
はっちゅう
発注 する
hatchū
order
下单／订购
đặt mua
สั่ง(ของ)
memesan
အော်ဒါမှာသည်
もう 部品を 発注しましたか。
Did you order the part yet? / 已经订购零件了吗?
Bạn đã đặt mua linh kiện chưa?
สั่งชิ้นส่วนไปแล้วหรือยังครับ/คะ
Apakah sudah memesan suku cadang?
အစိတ်အပိုင်းတွေကိုအော်ဒါမှာထားပြီးပြီလား။
②
③
④
⑤
⑥
⑦

① Check the box if you have learned the word or to mark a word you need to learn.

② Words are numbered from 001 to 300.

③ The word to learn

④ The headword is translated into the English, Chinese, Vietnamese, Thai, Indonesian, and Myanmar languages.

⑤ Nouns often used as verbs by adding "する (-suru)."

⑥ An example sentence using the words.

⑦ The example sentence is translated into multiple languages.

Example learning method

① Check the meaning of the word. Listen to the audio and try to pronounce it.

② Read the example sentence.

③ Look at the translation and check the meaning and how the word is used in the example sentence.

④ Memorize the example sentence if it seems useful, by pronouncing it repeatedly.

⑤ Try the practice questions on the Web.

致本书学习者

本书的特点

①入门者及初级前期的人也容易学习的例句

・使用初级前期的句型（*）

・例文字数均在 20 字左右，更容易理解

・符合建筑施工・设备现场的表达方式

（*）使用『みんなの日本語　初級Ⅰ』前 20 课的句型。部分常用的表现有例外的情况。

②附带 6 种语言翻译

刊载有英语・中文・越南语・泰语・印度尼西亚语・缅甸语。可在多国籍班使用。

③可以从需要的地方开始学习的结构

・“通用基础词汇”136 个词（不分行业在工作现场通用的词汇）

・“各领域词汇”164 个词（在建筑施工・设备使用的词汇）

此外，还分别按主题汇总刊载。

辅助教材

①练习题

3A 的网站上有练习题（PDF 格式）。让我们来练习使用词汇吧。

②应用程序

有可以确认词条的意思和发音的应用程序。可免费听发音，所以请务必试试。

https://www.3anet.co.jp/np/books/4236/

本书的使用方法

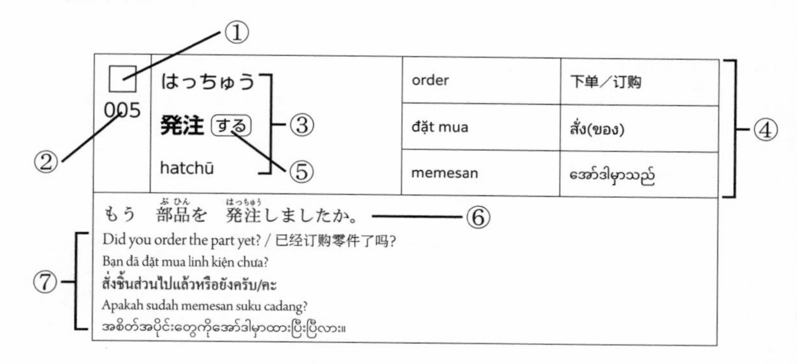

①
②
③
④
⑤
⑥
⑦
005
はっちゅう
発注 する
hatchū
order
下单／订购
đặt mua
สั่ง(ของ)
memesan
အော်ဒါမှာသည်
もう 部品を 発注しましたか。
Did you order the part yet? / 已经订购零件了吗?
Bạn đã đặt mua linh kiện chưa?
สั่งชิ้นส่วนไปแล้วหรือยังครับ/คะ
Apakah sudah memesan suku cadang?
အစိတ်အပိုင်းတွေကိုအော်ဒါမှာထားပြီးပြီလား။

①勾选已经记住的词汇，在必要的词汇上做记号。
② 001 到 300。
③记住的词汇。
④词条的各国语言翻译。有英语、中文、越南语、泰语、印度尼西亚语和缅甸语。
⑤加上“する”，可以当作动词使用的名词。
⑥使用词条的例句。
⑦例句的各国语言翻译。

学习方法的例子

①确认词汇的意思。听语音练习发音。
②读例句。
③读阅译文，确认例句的意思和词汇的使用方法。
④觉得可以用到的例句，要反复发声读出来记忆。
⑤做网络练习题。

Gởi đến các bạn sử dụng tài liệu này

Đặc trưng của quyển sách này

① Các câu ví dụ dễ học đối với cả người mới bắt đầu học và người đã học nửa đầu trình độ sơ cấp

・Sử dụng mẫu câu (*) của nửa đầu trình độ sơ cấp

・Câu ví dụ dễ hiểu, khoảng 20 ký tự

・Những câu nói được đặt trong tình huống là hiện trường làm việc của ngành xây dựng/thiết bị

(*) Sử dụng các mẫu câu ở trong bài 1 đến bài 20 của giáo trình『みんなの日本語（にほんご）初級（しょきゅう）Ⅰ』. Chỉ có ngoại lệ ở một số câu nói thường dùng

② Có kèm theo bản dịch của 6 thứ tiếng

Bao gồm tiếng Anh, tiếng Trung., tiếng Việt, tiếng Thái, tiếng Indonesia, và tiếng Myanmar. Có thể sử dụng trong lớp học đa quốc tịch.

③ Cấu trúc sách giúp bạn có thể học từ những điểm cần thiết

・"Từ vựng cơ bản thông thường": 136 từ (từ vựng phổ thông được sử dụng tại nhiều hiện trường làm việc bất kể ngành nghề)

・"Từ vựng theo lĩnh vực": 164 từ (từ vựng sử dụng trong ngành xây dựng/thiết bị)

Ngoài ra, chúng tôi còn biên soạn tập trung theo từng chủ đề.

Giáo trình bổ trợ

① Bài luyện tập

Các bài luyện tập (định dạng PDF) được đăng tải trên trang web của 3A Corporation. Bạn hãy thường xuyên luyện tập cách sử dụng các từ vựng nhé.

② Phần mềm ứng dụng

Chúng tôi có một phần mềm ứng dụng giúp bạn xác nhận ý nghĩa và cách phát âm của từ vựng. Ứng dụng này hỗ trợ nghe âm thanh miễn phí nên bạn hãy tận dụng để nghe thử cách đọc nhé.

https://www.3anet.co.jp/np/books/4236/

Cách sử dụng quyển sách này

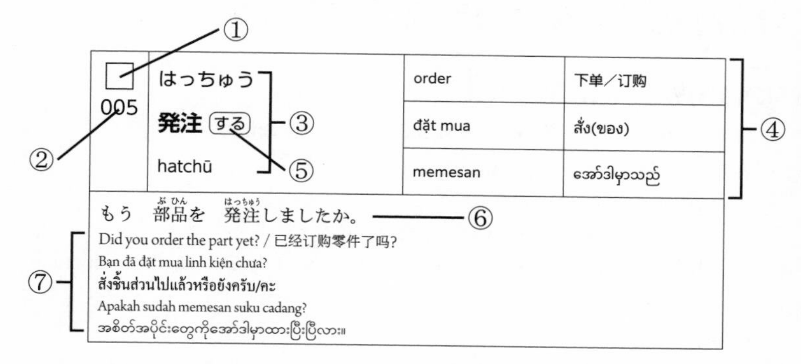

①
005
②
はっちゅう
発注 する
hatchū
③
⑤
order
下单／订购
đặt mua
สั่ง(ของ)
memesan
အော်ဒါမှာသည်
④
もう 部品を 発注しましたか。
⑥
Did you order the part yet? / 已经订购零件了吗?
Bạn đã đặt mua linh kiện chưa?
สั่งชิ้นส่วนไปแล้วหรือยังครับ/คะ
Apakah sudah memesan suku cadang?
အစိတ်အပိုင်းတွေကိုအော်ဒါမှာထားပြီးပြီလား။
⑦

① Sử dụng cột này để kiểm tra những từ đã ghi nhớ hoặc đánh dấu vào các từ vựng cần thiết.

② Các từ vựng được đánh số từ 001 đến 300.

③ Đây là từ vựng để bạn ghi nhớ.

④ Đây là bản dịch của từ vựng sang các thứ tiếng. Chúng tôi có bản dịch tiếng Anh, tiếng Trung, tiếng Việt, tiếng Thái, tiếng Indonesia và tiếng Myanmar.

⑤ Đây là danh từ và sẽ thường được sử dụng như động từ khi gắn thêm "する".

⑥ Đây là câu ví dụ có sử dụng từ vựng được đề cập.

⑦ Đây là bản dịch câu ví dụ sang các thứ tiếng.

Ví dụ về phương pháp học

① Hãy nghe cách phát âm trên phần mềm ứng dụng và cố gắng đọc lại nhé

② Đọc câu ví dụ.

③ Xem bản dịch để xác nhận ý nghĩa của câu ví dụ và cách sử dụng từ vựng.

④ Đối với câu ví dụ có thể sử dụng tại nơi làm việc, đọc lên nhiều lần để ghi nhớ.

⑤ Thử làm bài luyện tập trên trang web.

ถึงผู้ใช้ตำราเล่มนี้

จุดเด่นของแบบเรียนนี้

① มีตัวอย่างประโยคที่เรียนรู้ได้ง่ายทั้งผู้ที่เพิ่งเริ่มเรียน·ผู้ที่เรียนในระดับชั้นต้น

- ใช้รูปประโยคที่มาจาก (*) ตำราเรียนระดับชั้นต้นครึ่งแรก
- เข้าใจได้ง่ายเพราะใช้อักษรประมาณ 20 ตัว
- ใช้สำนวนที่ตั้งสมมติฐานจากสถานที่ทำงานก่อสร้าง·อุปกรณ์

(*) ใช้รูปประโยคที่มีอยู่ถึงบทที่ 20 ในตำราเรียน『みんなの日本語(にほんご)　初級(しょきゅう) I』ยกเว้นแต่เฉพาะบางสำนวนที่มีการใช้บ่อยแค่ส่วนหนึ่งเท่านั้น

② มีการแปล 6 ภาษา

พร้อมด้วย ภาษาอังกฤษ·ภาษาจีน·ภาษาเวียดนาม·ภาษาไทย·ภาษาอินโดนีเซีย·ภาษาเมียนมา สามารถใช้ในห้องเรียนหลากสัญชาติได้

③ มีโครงสร้างที่สามารถเริ่มเรียนได้จากจุดที่จำเป็น

- "คำศัพท์พื้นฐานทั่วไป" 136 คำ (คำที่ใช้ร่วมกันในสถานที่ทำงานโดยไม่แบ่งแยกประเภทงาน)
- "คำศัพท์เฉพาะทาง" 164 คำ (คำที่ใช้ในสถานที่ทำงานก่อสร้าง)

นอกจากนี้ ยังได้มีการรวบรวมเนื้อหาโดยแบ่งออกเป็นหัวเรื่องต่าง ๆ ในการจัดพิมพ์ด้วย

สื่อการเรียนเสริม

① แบบฝึกหัด

มีแบบฝึกหัด (รูปแบบไฟล์ PDF) ในเว็บไซต์ 3A Corporation มาฝึกฝนวิธีใช้คำกันเถอะ

② แอปพลิเคชัน

มีแอปพลิเคชันที่ใช้ตรวจสอบความหมายของคำหลักและฟังเสียงได้ โดยสามารถฟังเสียงได้ฟรี เชิญลองฟังกันดู

https://www.3anet.co.jp/np/books/4236/

วิธีใช้แบบเรียนนี้

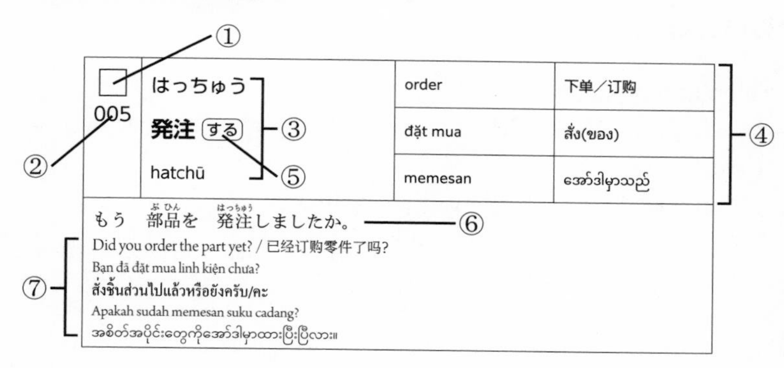

①
□
005
はっちゅう
発注 する
hatchū
③
⑤
②
order
下单／订购
đặt mua
สั่ง(ของ)
memesan
အော်ဒါမှာသည်
④
もう 部品を 発注しましたか。
⑥
Did you order the part yet? / 已经订购零件了吗?
Bạn đã đặt mua linh kiện chưa?
สั่งชิ้นส่วนไปแล้วหรือยังครับ/คะ
Apakah sudah memesan suku cadang?
အစိတ်အပိုင်းတွေကိုအော်ဒါမှာထားပြီးပြီလား။
⑦

① ใช้สำหรับเช็คเรื่องที่จำได้แล้ว หรือทำเครื่องหมายตรงคำศัพท์ที่จำเป็น
② มีตั้งแต่ 001 ถึง 300
③ เป็นคำที่ต้องจำ
④ การแปลคำหลักเป็นแต่ละภาษา โดยมีภาษาอังกฤษ, ภาษาจีน, ภาษาเวียดนาม, ภาษาไทย, ภาษาอินโดนีเซีย, ภาษาเมียนมา
⑤ คำนามที่มักใช้เป็นคำกิริยาโดยการเติม「する (suru/ทำ)」
⑥ ประโยคตัวอย่างที่ใช้คำหลัก
⑦ การแปลประโยคตัวอย่างในแต่ละภาษา

ตัวอย่างวิธีการศึกษา

① ตรวจสอบความหมายของคำ ฟังเสียงจากแอปพลิเคชันแล้วลองออกเสียง
② อ่านประโยคตัวอย่าง
③ ดูการแปลและตรวจสอบความหมายของประโยคตัวอย่างหรือวิธีใช้คำ
④ สำหรับประโยคตัวอย่างที่น่าจะใช้งานได้ ให้ออกเสียงบ่อย ๆ แล้วจดจำ
⑤ ลองทำแบบฝึกหัดในเว็บไซต์

Untuk orang yang menggunakan buku ini

Kelebihan buku ini

① Contoh kalimat mudah dipelajari oleh pembelajar tingkat pemula atau tingkat dasar pertengahan awal

- Memakai pola kalimat (*) tingkat dasar pertengahan awal
- Mudah dipahami karena hanya sekitar 20 huruf
- Ungkapan yang mengasumsikan lapangan kerja konstruksi dan fasilitas

(*) Memakai pola kalimat『みんなの日本語(にほんご)　初級(しょきゅう) I』sampai pelajaran ke-20. Terdapat pengecualian untuk sebagian ungkapan yang sering dipakai.

② Ada terjemahan dalam 6 bahasa

Menampilkan Bahasa Inggris, China, Vietnam, Thailand, Indonesia, dan Myanmar. Dapat dipergunakan untuk kelas dengan peserta dari berbagai macam kewarganegaraan.

③ Struktur pembelajaran yang dapat dimulai dari bagian yang dibutuhkan

- "Kosakata dasar umum" 136 kata (Kata-kata yang umum dipakai di lapangan kerja tanpa melihat jenis industri)
- "Kosakata tiap bidang" 164 kata (Kata-kata yang dipakai di konstruksi dan fasilitas)

Bahan ajar pembantu

① Soal latihan

Di situs 3A Corporation tersedia soal latihan (format PDF). Ayo belajar cara pemakaian kata-kata.

② Aplikasi

Terdapat aplikasi untuk mengecek arti dari kata pokok dan suara. Suara dapat didengar secara gratis, ayo coba mendengarkan.

https://www.3anet.co.jp/np/books/4236/

Cara penggunaan buku

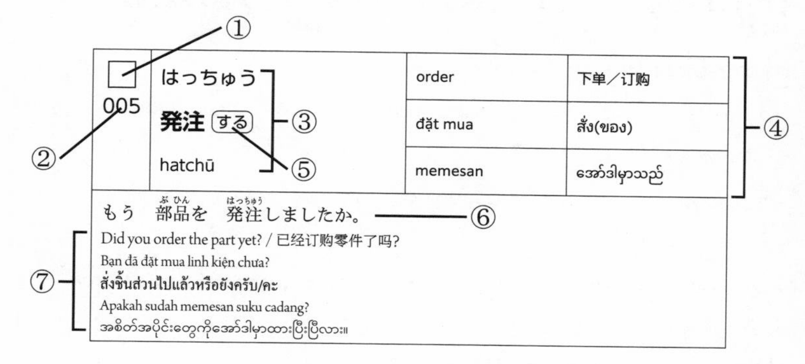

① Dipakai untuk mengecek yang telah dihafal, atau menandai kosakata yang dibutuhkan.

② Dari 001 sampai 300.

③ kata-kata yang akan dihafal.

④ Terjemahan tiap bahasa untuk kata pokok. Terdapat Bahasa Inggris, China, Vietnam, Thailand, Indonesia, dan Myanmar.

⑤ Kata benda yang sering dipakai juga sebagai kata kerja dengan menambahkan「する (suru)」.

⑥ Contoh kalimat yang memakai kata pokok.

⑦ Terjemahan tiap bahasa untuk contoh kalimat.

Contoh metode pembelajaran

① Memeriksa arti kata-kata. Dengarkan suara di aplikasi dan coba ucapkan.

② Membaca contoh kalimat.

③ Melihat terjemahan, memeriksa arti contoh kalimat dan cara penggunaan kata-kata.

④ Menghafal contoh kalimat yang dapat dipakai dengan mengucapkannya berkali-kali.

⑤ Mencoba soal latihan yang ada di Website.

ဤစာအုပ်ကိုလေ့လာသုံးစွဲမည့်သူများသို့

ဤစာအုပ်၏ ထူးခြားချက်များ

(၁) စတင်သင်ကြားမည့်သူများ၊ အခြေခံသင်ယူနေသူများလည်း သင်ယူလွယ်သော သာဓကစာကြောင်းများ

- အခြေခံသင်ယူနေသူများ နားလည်နိုင်မည့် စာကြောင်းပုံစံ(*) များကို အသုံးပြုထားခြင်း
- စာလုံး ၂၀ ခန့်ဖြစ်ပြီး နားလည်လွယ်ခြင်း
- တည်ဆောက်ခြင်း၊စက်ပစ္စည်းကိရိယာများ/Facilityလုပ်ငန်းနေရာကို ကြံဆထားသော ဖော်ပြချက်များ

(*)『みんなの日本語　初級Ⅰ』အခန်း ၂၀ အထိမှ စာကြောင်းပုံစံများကို အသုံးပြုထားခြင်း။ ခြွင်းချက်အနေနှင့် တချို့သင်ခန်းစာများမှ မကြာခဏ အသုံးပြုသော အသုံးအနှုန်းဖော်ပြချက် များပါရှိပါသည်။

(၂) ဘာသာစကား ၆မျိုးဖြင့် ဘာသာပြန်ပါရှိခြင်း

အင်္ဂလိပ်ဘာသာ၊ တရုတ်ဘာသာ ၊ ဗီယက်နမ်ဘာသာ၊ ထိုင်းဘာသာ၊ အင်ဒိုနီးရှားဘာသာ၊ မြန်မာဘာသာများဖြင့် ထည့်သွင်းထားသည်။ ဘာသာပေါင်းစုံ အတန်းတွင် အသုံးပြုနိုင်သည်။

(၃) လိုအပ်သည့်နေရာမှ သင်ယူနိုင်သော ဖွဲ့စည်းပုံ

- "အများသုံးအခြေခံဝေါဟာရများ" ၁၃၆ လုံး (လုပ်ငန်းအမျိုးအစားနှင့် မသက်ဆိုင်ဘဲ အလုပ်လုပ်သော နေရာတွင် အများအသုံးပြုနေသော ဝေါဟာရများ)
- "ကဏ္ဍအလိုက်ဝေါဟာရများ" ၁၆၄ လုံး (တည်ဆောက်ခြင်း၊စက်ပစ္စည်းကိရိယာများ/Facilityလုပ်ငန်းတွင် အသုံးပြုနေသော ဝေါဟာရများ)

ထို့အပြင် ခေါင်းစဉ်အသီးသီးတွင် တစ်ခုချင်းစီကို စုစည်း၍ ဖြည့်သွင်းထားခြင်း။

သင်ထောက်ကူပစ္စည်းများ

(၁) လေ့ကျင့်ခန်းမေးခွန်း

3-A ကော်ပိုရေးရှင်း ၏ ဝက်ဘ်ဆိုဒ်တွင် လေ့ကျင့်ခန်းမေးခွန်း (PDF ဖြင့်) များ ရှိသည်။ ဝေါဟာရ အသုံးပြုပုံကို လေ့ကျင့်ကြရအောင်။

(၂) App

ခေါင်းစဉ်စာလုံး၏အဓိပ္ပါယ်နှင့် အသံထွက်ကို အတည်ပြုနိုင်သော App ရှိသည်။ အသံထွက်ကို အခမဲ့နားထောင်နိုင်၍ သေချာပေါက် နားထောင်ကြည့်ရအောင်။

https://www.3anet.co.jp/np/books/4236/

ဤစာအုပ်ကို အသုံးပြုပုံ

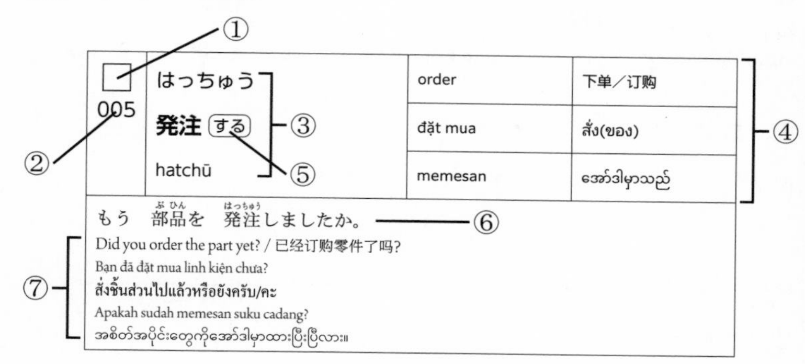

①
005
②
はっちゅう
発注 する
hatchū
③
⑤
order
下单／订购
đặt mua
สั่ง(ของ)
memesan
အော်ဒါမှာသည်
④
もう 部品を 発注しましたか。
⑥
Did you order the part yet? / 已经订购零件了吗?
Bạn đã đặt mua linh kiện chưa?
สั่งชิ้นส่วนไปแล้วหรือยังครับ/คะ
Apakah sudah memesan suku cadang?
အစိတ်အပိုင်းတွေကိုအော်ဒါမှာထားပြီးပြီလား။
⑦

(၁) ကျက်မှတ်ထားသည်များကို စစ်ဆေးခြင်း၊ လိုအပ်သော ဝေါဟာရများတွင်အမှတ်အသား ထားခြင်းများတွင် အသုံးပြုနိုင်သည်။

(၂) ၀၀၁ မှ ၃၀၀ အထိရှိသည်။

(၃) ကျက်မှတ်ထားရန် ဝေါဟာရများ ဖြစ်သည်။

(၄) ခေါင်းစဉ်စာလုံးကို ဘာသာအသီးသီးသို့ ပြန်ဆိုထားခြင်းဖြစ်သည်။ အင်္ဂလိပ်ဘာသာ၊ တရုတ်ဘာသာ၊ ဗီယက်နမ်ဘာသာ၊ ထိုင်းဘာသာ၊ အင်ဒိုနီးရှားဘာသာ၊ မြန်မာဘာသာများ ပါဝင်သည်။

(၅) “する (ပြုလုပ်ခြင်း)” ကိုဆက်၍ ကြိယာအနေဖြင့်လည်း မကြာခဏသုံးသော နာမ်ဖြစ်သည်။

(၆) ခေါင်းစဉ်စာလုံးကိုအသုံးပြုထားသော သာဓကစာကြောင်းများဖြစ်သည်။

(၇) သာဓကစာကြောင်းများကို ဘာသာအသီးသီးသို့ ပြန်ဆိုထားခြင်းဖြစ်သည်။

လေ့ကျင့်ရေးသဒ္ဒါများအတွက် သာဓကစာကြောင်းများ

(၁) စကားလုံး၏ အဓိပ္ပာယ်ကို အတည်ပြုကြရအောင်။ Application၏အသံထွက်ကို နားထောင်၍ အသံထွက်ဖတ်ကြည့်ရအောင်။

(၂) သာဓကစာကြောင်းကို ဖတ်ကြည့်ရအောင်။

(၃) ဘာသာပြန်ကိုကြည့်ပြီး သာဓကစာကြောင်း၏ အဓိပ္ပာယ်နှင့် စကားလုံးအသုံးပြုပုံများကို အတည်ပြုကြရအောင်။

(၄) အသုံးပြုနိုင်သော သာဓကစာကြောင်းများကို အကြိမ်ကြိမ် အသံထွက်ဖတ်ပြီး ကျက်မှတ်ရအောင်။

(၅) Websiteတွင်ရှိသော လေ့ကျင့်ရေးမေးခွန်းများကို လေ့ကျင့်ကြရအောင်။

自分に関する語彙

Vocabulary related to yourself / 有关自身的词汇 / Từ vựng liên quan đến bản thân
คำศัพท์ที่เกี่ยวข้องกับตัวเอง / Kosakata terkait Diri Sendiri / မိမိနှင့်ဆက်စပ်မှုရှိသည့် ဝေါဟာရများ

1．あなたの名前

Your name / 你的名字 / Tên của bạn / **ชื่อของคุณคือ** / Nama Anda / အမည်

2．あなたのニックネーム

Your nickname / 你的昵称 / Biệt danh của bạn / **ชื่อเล่นของคุณคือ** / Nama Panggilan Anda / အမည်ပြောင်

3．日本で研修する会社の名前／日本で働く会社の名前

Name of the company in Japan where you will be trained or work
在日本接受培训的公司名称或在日本工作的公司名称
Tên công ty nơi bạn được đào tạo tại Nhật Bản. Tên công ty nơi bạn làm việc tại Nhật Bản
ชื่อบริษัทที่จะเข้ารับการฝึกอบรมในญี่ปุ่น, ชื่อบริษัทที่จะเข้าทำงานในญี่ปุ่น
Nama perusahaan tempat pelatihan di Jepang, Nama perusahaan tempat bekerja di Jepang
ဂျပန်နိုင်ငံတွင် ပညာလေ့လာသင်ယူမည့် ကုမ္ပဏီ၏အမည်၊ ဂျပန်နိုင်ငံတွင် တာဝန်ထမ်းဆောင်မည့် ကုမ္ပဏီ၏အမည်

4．どこで研修(けんしゅう)しますか。どこで働(はたら)きますか。都道府県(とどうふけん)・都市名(としめい)を書(か)いてください。

Where will you be trained? Where will you work? Write down the name of the prefecture and city.
你在哪里接受培训？　在哪里工作？　请填写都道府县和都市名。
Bạn sẽ được đào tạo ở đâu? Bạn sẽ làm việc ở đâu? Vui lòng viết tên của các tỉnh, thủ đô hoặc tên các thành phố lớn.
คุณฝึกอบรมหรือทำงานที่ใด กรุณาเขียนชื่อจังหวัด/เมือง
Di mana Anda akan mengikuti pelatihan? Di mana Anda akan bekerja? Tuliskan nama prefektur dan kotanya.
မည်သည့်ဒေသတွင် လေ့ကျင့်ရေးပြုလုပ်မည်နည်း။ မည်သည့်ဒေသတွင် တာဝန်ထမ်းဆောင်မည်နည်း။ ခရိုင်ဒေသအလိုက်၊ မြို့အမည်ကို ရေးသွင်းပါရန်

例(れい)　Example / 例如 / Ví dụ / ตัวอย่าง / Contoh / ဥပမာ

大阪府(おおさかふ)　大阪市(おおさかし)　住吉区(すみよしく)

5．どんな技術(ぎじゅつ)の研修(けんしゅう)をしますか。どんな仕事(しごと)をしますか。

What kind of techniques will you be trained in? What kind of work will you do?
你将接受什么技术培训？　做什么工作？
Bạn sẽ được đào tạo kỹ thuật gì? Bạn sẽ làm công việc gì?
คุณฝึกอบรมทางเทคโนโลยีในสาขาใด คุณทำงานอะไร
Pelatihan teknis seperti apa yang akan Anda ikuti? Pekerjaan seperti apa yang akan Anda lakukan?
မည်သည့်နည်းပညာကို လေ့ကျင့်ရေးပြုလုပ်မည်နည်း။ မည်သို့သောအလုပ်ကို လုပ်ကိုင်မည်နည်း။

例(れい)　Example / 例如 / Ví dụ / ตัวอย่าง / Contoh / ဥပမာ

建築設計(けんちくせっけい)

6．あなたの会社(かいしゃ)の主要(しゅよう)な製品(せいひん)やサービスは何(なん)ですか。

What are your company's major products or services?
你的公司主要产品或服务是什么？
Sản phẩm hoặc dịch vụ chủ yếu của công ty bạn là gì?
ผลิตภัณฑ์หรือบริการหลักของบริษัทคุณคืออะไร
Apa produk maupun jasa utama dari perusahaan Anda?
သင့်ကုမ္ပဏီ၏ အဓိကထုတ်ကုန်နှင့် ဝန်ဆောင်မှုသည် မည်သည်ဖြစ်သနည်း။

例(れい)　Example / 例如 / Ví dụ / ตัวอย่าง / Contoh / ဥပမာ

工場(こうじょう)やビルの建設(けんせつ)

パート 1　共通基礎語彙

Part 1　Common basic vocabulary
第 1 部分　通用基础词汇
Phần 1　Từ vựng cơ bản thông dụng
ส่วนที่ 1　คำศัพท์พื้นฐานทั่วไป
Bagian 1　Kosakata Dasar Umum
အပိုင်း 1　အများသုံးအခြေခံ ဝေါဟာရများ

ユニット 1

生産管理(せいさんかんり)

Production management	生产管理
Quản lý sản xuất	การควบคุมการผลิต
Manajemen Produksi	ထုတ်လုပ်မှုစီမံခန့်ခွဲခြင်း

□ 001	ぎじゅつ **技術** gijutsu	technique/technology	技术
		công nghệ	เทคโนโลยี
		teknik/teknologi	နည်းပညာ

日本(にほん)の　技術(ぎじゅつ)を　覚(おぼ)えて　国(くに)へ　帰(かえ)ります。
I will learn Japanese techniques and then return to my home country. / 掌握日本的技术回国。
Tôi sẽ học hỏi tích lũy công nghệ của Nhật Bản và về nước.
จะจดจำเทคโนโลยีของญี่ปุ่น แล้วนำกลับไปยังประเทศบ้านเกิดครับ/ค่ะ
Pulang ke negara asal setelah mempelajari teknologi Jepang.
ဂျပန်၏နည်းပညာများကိုသင်ယူပြီး နိုင်ငံသို့ပြန်ပါမည်။

□ 002	ひんしつ **品質** hinshitsu	quality	品质
		chất lượng	คุณภาพ
		kualitas/mutu	အရည်အသွေး

ABC 社(しゃ)の　製品(せいひん)は　品質(ひんしつ)が　いいですね。
ABC's products are high quality. / ABC 公司的产品质量很好啊。
Sản phẩm của công ty ABC có chất lượng tốt nhỉ.
ผลิตภัณฑ์ของบริษัท ABC มีคุณภาพดีนะครับ/คะ
Produk perusahaan ABC berkualitas baik, ya.
ABCကုမ္ပဏီရဲ့ ထုတ်ကုန်တွေက အရည်အသွေးကောင်းတယ်နော်။

□ 003	せいひん **製品** seihin	product	产品
		sản phẩm	ผลิตภัณฑ์
		produk	ထုတ်ကုန်

A 工場(こうじょう)では　電気製品(でんきせいひん)を　作(つく)って　います。
The A Factory manufactures electrical products. / A 工厂生产电器产品。
Nhà máy A sản xuất các sản phẩm điện tử.
ที่โรงงาน A ผลิตเครื่องใช้ไฟฟ้าครับ/ค่ะ
Pabrik A membuat produk elektronik.
Aစက်ရုံတွင် လျှပ်စစ်ထုတ်ကုန်ပစ္စည်းများကို ထုတ်လုပ်လျက်ရှိပါသည်။

□ 004	きのう **機能** (する) kinō	function	机能／功能
		tính năng	ใช้งานได้/ฟังก์ชันการใช้งาน
		fungsi/fitur	function

これは　便利(べんり)な　機能(きのう)ですね。
This function is useful. / 这是方便的功能啊。
Đây là một tính năng tiện lợi nhỉ.
นี่เป็นฟังก์ชั่นที่สะดวกดีนะครับ/คะ
Ini fitur yang praktis, ya.
ဒါကအဆင်ပြေတဲ့functionပဲနော်။

□ 005	はっちゅう **発注** (する) hatchū	order	下单／订购
		đặt mua	สั่ง(ของ)
		memesan	အော်ဒါမှာသည်

もう　部品(ぶひん)を　発注(はっちゅう)しましたか。
Did you order the part yet? / 已经订购零件了吗?
Bạn đã đặt mua linh kiện chưa?
สั่งชิ้นส่วนไปแล้วหรือยังครับ/คะ
Apakah sudah memesan suku cadang?
အစိတ်အပိုင်းတွေကိုအော်ဒါမှာထားပြီးပြီလား။

□ 006	せいさん **生産** (する) seisan	produce	生产
		sản xuất	ผลิต
		memproduksi	ထုတ်လုပ်သည်

毎年(まいとし)　車(くるま)を　70万台(まんだい)　生産(せいさん)して　います。
We produce 700,000 vehicles each year. / 每年生产 70 万辆汽车。
Chúng tôi sản xuất 700.000 ô tô mỗi năm.
ทุกปีจะผลิตรถยนต์ 7 แสนคันครับ/ค่ะ
Memproduksi 700 ribu unit mobil setiap tahun.
နှစ်စဉ်ကားအစီးရေ7သိန်းကို ထုတ်လုပ်လျက်ရှိပါသည်။

□ 007	せいぞう **製造** (する) seizō	manufacture	制造
		chế tạo	ผลิต
		memproduksi	ကုန်ထုတ်လုပ်သည်

部品(ぶひん)は　タイで　製造(せいぞう)して　います。
We manufacture the parts in Thailand. / 零件是在泰国制造。
Chúng tôi chế tạo linh kiện tại Thái Lan.
ผลิตชิ้นส่วนที่ประเทศไทยครับ/ค่ะ
Suku cadang diproduksi di Thailand.
အစိတ်အပိုင်းများကို ထိုင်းတွင် ကုန်ထုတ်လုပ်လျက်ရှိပါသည်။

008	のうき **納期** nōki	the delivery date/ deadline	交货期
		thời hạn giao hàng/ hạn chót	กำหนดส่งมอบ
		waktu pengiriman/ batas waktu	ပေးပို့ရမည့်အချိန်

納期に　遅れないで　ください。
Please be sure it is delivered on time. / 请不要延误交货期。
Vui lòng đừng chậm trễ thời hạn giao hàng.
อย่าส่งงานช้ากว่ากำหนดส่งมอบนะครับ/คะ
Mohon jangan terlambat waktu pengirimannya.
ပေးပို့ရမည့်အချိန်ကို နောက်မကျပါစေနှင့်။

009	しゅっか **出荷** する shukka	ship	出货
		xuất (sản phẩm) đi	จัดส่ง(ของ)ออกไป
		mengirim	တင်ပို့သည်

製品を　出荷します。
We ship products. / 产品发货。
Chúng tôi xuất sản phẩm đi.
จะจัดส่งผลิตภัณฑ์ออกไปครับ/ค่ะ
Mengirim produk.
ထုတ်ကုန်များကို တင်ပို့ပါမည်။

009 出荷

010	ざいこ **在庫** zaiko	stock	库存
		tồn kho	สต็อก
		stok	လက်ကျန်ပစ္စည်း

部品の　在庫が　ありません。
Those parts are out of stock. / 零件没有库存。
Không có tồn kho linh kiện.
ชิ้นส่วนในสต็อกไม่มีครับ/ค่ะ
Stok suku cadang tidak ada.
အစိတ်အပိုင်းများရဲ့ လက်ကျန်ပစ္စည်း မရှိပါ။

製造(せいぞう)

Manufacturing	制造
Chế tạo	การผลิต
Manufaktur	ကုန်ထုတ်လုပ်ရေး

011	きかい **機械** kikai	machinery	机械
		máy móc	เครื่องจักร
		mesin	စက်ပစ္စည်း

機械(きかい)が　故障(こしょう)して　います。
The machinery is broken down. / 机器出故障了。
Máy đang bị hỏng.
เครื่องจักรชำรุดอยู่ครับ/ค่ะ
Mesin rusak.
စက်ပစ္စည်းပျက်နေပါသည်။

012	ぶひん **部品** buhin	part	零件
		linh kiện	ชิ้นส่วน
		suku cadang	ပစ္စည်းအစိတ်အပိုင်း

工場(こうじょう)で　車(くるま)の　部品(ぶひん)を　作(つく)って　います。
The factory produces auto parts. / 在工厂生产汽车零件。
Chúng tôi chế tạo các linh kiện ô tô tại nhà máy.
ผลิตชิ้นส่วนของรถยนต์ที่โรงงานครับ/ค่ะ
Membuat suku cadang mobil di pabrik.
စက်ရုံတွင် ကားပစ္စည်းအစိတ်အပိုင်းများကို ထုတ်လုပ်လျက်ရှိပါသည်။

013	ざいりょう **材料** zairyō	material	材料
		nguyên liệu	วัตถุดิบ
		bahan baku	ကုန်ကြမ်း

材料(ざいりょう)を　発注(はっちゅう)します。
We order materials. / 订购材料。
Chúng tôi đặt mua nguyên liệu.
สั่งซื้อวัตถุดิบครับ/ค่ะ
Memesan bahan baku.
ကုန်ကြမ်းများကို အော်ဒါမှာယူပါမည်။

□ 014	かこう **加工** (する) kakō	process	加工
		gia công	แปรรูป
		mengolah	ကုန်ချောထုတ်လုပ်သည်

金属(きんぞく)を　加工(かこう)します。
We process metal materials. / 加工金属。
Chúng tôi gia công kim loại.
แปรรูปโลหะครับ/ค่ะ
Mengolah logam.
သတ္တုကို ကုန်ချောထုတ်လုပ်ပါမည်။

□ 015	くみたてる **組み立てる** kumitateru	assemble	组装
		lắp ráp	ประกอบ
		merakit	တပ်ဆင်သည်

製品(せいひん)を　組(く)み立(た)てます。
We assemble products. / 组装产品。
Chúng tôi lắp ráp sản phẩm.
ประกอบผลิตภัณฑ์ครับ/ค่ะ
Merakit produk.
အစိတ်အပိုင်းများကို တပ်ဆင်ပါမည်။

□ 016	けんさ **検査** (する) kensa	inspect	检查
		kiểm tra	ตรวจสอบ
		memeriksa	စစ်ဆေးသည်၊ စမ်းသပ်သည်

出荷(しゅっか)の　前(まえ)に　製品(せいひん)を　検査(けんさ)します。
We inspect products before shipping. / 发货前检查产品。
Chúng tôi kiểm tra sản phẩm trước khi xuất hàng đi.
ตรวจสอบผลิตภัณฑ์ก่อนจัดส่งครับ/ค่ะ
Memeriksa produk sebelum pengiriman.
မတင်ပို့မီ ထုတ်ကုန်များကို စစ်ဆေးပါမည်။

□ 017	はこぶ **運ぶ** hakobu	carry	搬运
		vận chuyển	ขนย้าย
		mengangkut	သယ်ဆောင်သည်

段(だん)ボールを　運(はこ)んで　ください。
Please carry the cardboard boxes. / 请搬纸箱。
Hãy vận chuyển thùng các tông.
กรุณาขนลังกระดาษด้วยครับ/ค่ะ
Tolong angkut kardus.
ကတ်ထူပုံးကို သယ်ဆောင်ပါ။

□ 018	もちあげる	lift	举起
	持ち上げる	nâng lên	ยกขึ้น
	mochiageru	mengangkat	မ တင်သည်

ちょっと この 機械(きかい)を 持(も)ち上(あ)げますよ。
We are going to lift this machine up a bit. / 稍微抬一下这台机器。
Chúng ta nâng cái máy này lên một tí.
จะยกเครื่องจักรนี้ขึ้นหน่อยนะครับ/คะ
Saya akan mengangkat mesin ini sebentar.
ဒီစက်ပစ္စည်းကို နည်းနည်းလောက် မ တင်မယ်နော်။

□ 019	やりなおす	do again	返工
	やり直す	làm lại	แก้ไขใหม่
	yarinaosu	mengulang	ပြန်ပြင်သည်

もう 一度(いちど) やり直(なお)して ください。
Please do it again. / 请再试一次。
Hãy làm lại một lần nữa.
กรุณาแก้ไขใหม่อีกครั้งครับ/ค่ะ
Tolong diulang sekali lagi.
နောက်တစ်ကြိမ် ပြန်ပြင်ပါ။

□ 020	こうてい	process	工序
	工程	công đoạn	ขั้นตอน/กระบวนการ
	kōtei	proses	လုပ်ငန်းစဉ်အဆင့်ဆင့်

作業(さぎょう)の 工程(こうてい)を 確認(かくにん)します。
We will check the work process. / 确认作业工序。
Chúng tôi kiểm tra các công đoạn làm việc.
ตรวจสอบกระบวนการของงานอีกครั้งครับ/ค่ะ
Memastikan proses kerja.
လုပ်ငန်းစဉ်အဆင့်ဆင့်ကို စစ်ဆေးပါမည်။

ユニット 3

安全 (あんぜん)

Safety / 安全
An toàn / ความปลอดภัย
Keselamatan / ဘေးကင်းလုံခြုံမှု

021	あんぜん **安全** anzen	safety	安全
		an toàn	ความปลอดภัย
		keselamatan	ဘေးကင်းလုံခြုံမှု

安全第一で　お願いします。
Please put safety first. / 安全第一。
Hãy đặt sự an toàn lên trên hết.
"ปลอดภัยไว้ก่อน" ด้วยนะครับ/คะ
Tolong utamakan keselamatan.
ဘေးကင်းလုံခြုံမှုပထမဦးစားပေးပြီးလုပ်ပါ။

022	きんきゅうじたい **緊急事態** kinkyū-jitai	emergency	紧急情况
		tình trạng khẩn cấp	สถานการณ์ฉุกเฉิน
		situasi darurat	အရေးပေါ်အခြေအနေ

緊急事態です。外へ　出て　ください。
This is an emergency. Please go outside. / 紧急情况。请出去。
Tình trạng khẩn cấp. Hãy đi ra ngoài.
นี่เป็นสถานการณ์ฉุกเฉิน กรุณาออกไปข้างนอกด้วยครับ/ค่ะ
Situasi darurat. Pergilah ke luar.
အရေးပေါ်အခြေအနေဖြစ်ပါသည်။ အပြင်ကိုထွက်ပါ။

023	ひじょうぐち **非常口** hijōguchi	emergency exit	安全出口
		lối thoát hiểm	ทางออกฉุกเฉิน
		pintu keluar darurat	အရေးပေါ်ထွက်ပေါက်

非常口は　あそこですよ。
The emergency exit is over there. / 安全出口在那边。
Lối thoát hiểm ở đằng kia đấy.
ทางออกฉุกเฉินอยู่ทางโน้นครับ/ค่ะ
Pintu keluar darurat ada di sana.
အရေးပေါ်ထွက်ပေါက်က ဟိုဘက်မှာပါ။

□ 024	ひなん 避難 (する) hinan	evacuate lánh nạn evakuasi	避难 อพยพ ထွက်ပြေးတိမ်းရှောင်ခြင်း

すぐ　外(そと)へ　避難(ひなん)して　ください。
Please evacuate outside immediately. / 请马上到外面避难。
Hãy lánh nạn ra bên ngoài ngay lập tức.
กรุณาอพยพไปข้างนอกทันทีครับ/ค่ะ
Segeralah evakuasi ke luar.
ချက်ချင်းအပြင်သို့ ထွက်ပြေးတိမ်းရှောင်ပါ။

□ 025	かさい 火災 kasai	fire hoả hoạn kebakaran	火灾 อัคคีภัย မီးလောင်ခြင်း

火災(かさい)は　119番(ばん)に　連絡(れんらく)して　ください。
Please dial 119 to report a fire. / 火灾请拨打 119。
Khi có hỏa hoạn, hãy gọi số 119.
กรุณาติดต่อหมายเลข 119 เมื่อเกิดอัคคีภัยครับ/ค่ะ
Hubungilah 119 jika kebakaran.
မီးလောင်ပါက 119နံပါတ်သို့ ဆက်သွယ်ပါ။

□ 026	じこ 事故 jiko	accident tai nạn kecelakaan	事故 อุบัติเหตุ မတော်တဆမှု

今朝(けさ)　電車(でんしゃ)の　事故(じこ)が　ありました。
There was a train accident this morning. / 今天早上发生了电车事故。
Đã có tai nạn tàu điện sáng nay.
เมื่อเช้านี้มีอุบัติเหตุรถไฟเกิดขึ้นครับ/ค่ะ
Tadi pagi ada kecelakaan kereta.
ယခုမနက် ရထားမတော်တဆမှု ဖြစ်ခဲ့ပါသည်။

□ 027	けが 怪我 (する) kega	get injured bị thương cedera	受伤 บาดเจ็บ ဒဏ်ရာရခြင်း

怪我(けが)や　事故(じこ)に　注意(ちゅうい)して　ください。
Be careful not to get injured or involved in an accident. / 请注意受伤和事故。
Hãy chú ý tai nạn và thương tích.
กรุณาระวังเรื่องการบาดเจ็บและอุบัติเหตุด้วยครับ/ค่ะ
Berhati-hatilah agar tidak cedera atau kecelakaan.
ဒဏ်ရာရခြင်းနှင့် မတော်တဆမှုများကို သတိထားပါ။

□ 028	ろうさい **労災** rōsai	industrial accident	工伤
		tai nạn lao động	อุบัติเหตุจากการทำงาน
		kecelakaan kerja	လုပ်ငန်းခွင်တွင်း မတော်မဆဖြစ်ပေါ်မှု

今月（こんげつ）　労災（ろうさい）が　2回（かい）　ありました。

There were two industrial accidents on the job this month. / 本月发生了两次工伤。

Tháng này đã xảy ra 2 vụ tai nạn lao động.

เดือนนี้มีอุบัติเหตุจากการทำงานเกิดขึ้น 2 ครั้งครับ/ค่ะ

Ada dua kecelakaan kerja bulan ini.

ယခုလတွင် လုပ်ငန်းခွင်တွင်းမတော်မဆဖြစ်ပေါ်မှု 2ကြိမ်ဖြစ်ပွားခဲ့ပါသည်။

ユニット 4

5S（ごえす）

□ 029	ごえす **5S** goesu

029 5S（ごえす）

Seiri
整理（せいり）
Seiton
整頓（せいとん）
Seisō
清掃（せいそう）
Seiketsu
清潔（せいけつ）
Shitsuke
しつけ
5S

整理（せいり）(Seiri)、整頓（せいとん）(Seiton)、清掃（せいそう）(Seisō)、清潔（せいけつ）(Seiketsu)、しつけ(Shitsuke)、の頭文字（かしらもじ）Sをとったもの。職場環境（しょくばかんきょう）を整（ととの）えるために組織全員（そしきぜんいん）で取（と）り組（く）むこと。

A word made up of the initial letters of Seiri (sort), Seiton (put in order), Seisō (clean up), Seiketsu (clean), and Shitsuke (sustain), it is used to indicate the efforts made by everyone in the organization to maintain the workplace environment.

5S 的 S 是取日语发音的整理（Seiri)、整顿（Seiton)、清扫（Seisō)、清洁（Seiketsu)、素养(Shitsuke)，这五个词的第一个字母。为了完善职场环境，组织全体人员必须落实的行动。

Đây là từ viết tắt lấy chữ S đầu tiên của các từ Seiri (Sàng lọc), Seiton (Sắp xếp), Seisō (Vệ sinh sạch sẽ), Seiketsu (Sạch sẽ), Shitsuke (Sẵn sàng). Tất cả thành viên của tổ chức phải luôn nỗ lực thực hiện 5S để tạo nên một môi trường làm việc ngăn nắp, sạch sẽ.

ย่อมาจากอักษร S ตัวแรกของคำว่า สะสาง (Seiri), สะดวก (Seiton), สะอาด (Seisō), สุขลักษณะ (Seiketsu), สร้างนิสัย (Shitsuke) ซึ่งเป็นสิ่งที่สมาชิกในองค์กรทุกคนต้องทำ เพื่อจัดระเบียบสภาพแวดล้อมของสถานที่ทำงาน

Ringkas (Seiri), Rapi (Seiton), Resik (Seisō), Rawat (Seiketsu), dan Rajin (Shitsuke) adalah kepanjangan dari 5R (5S) yang diambil huruf depannya. Untuk merapikan lingkungan kerja maka perlu dilaksanakan oleh semua orang dalam organisasi.

Seiri(ရှင်းလင်းခြင်း)၊Seiton(ညီညာသေသပ်အောင်ပြုလုပ်ခြင်း)၊ Seisō(သန့်ရှင်းရေးပြုလုပ်ခြင်း)၊Seiketsu (သန့်ရှင်းသပ်ရပ်ခြင်း)၊ Shitsuke(စည်းကမ်း)စသည်တို့မှအစစာလုံး S ကိုယူထားသည်။
လုပ်ငန်းခွင်ပတ်ဝန်းကျင်ကိုစီမံလုပ်ဆောင်ရန်ဝန်ထမ်း
အားလုံးကပူးပေါင်းလုပ်ကိုင်ခြင်း။

□ 030	せいり **整理** (する) seiri	sort	整理
		sàng lọc	สะสาง
		mengatur (Ringkas)	ရှင်းလင်းခြင်း

工具箱を　整理しましょう。

Let's sort out the toolbox. / 整理工具箱吧。

Hãy cùng sàng lọc hộp dụng cụ nào.

สะสางของที่อยู่ในกล่องเครื่องมือกันเถอะครับ/ค่ะ

Atur isi kotak peralatan (Seiri/Ringkas).

ကိရိယာများထည့်သည့်သေတ္တာကို ရှင်းလင်းကြရအောင်။

要るものと要らないものを分けて、要らないものを捨てること。

To sort things into what is needed and not needed, and to throw away the not needed items.

区别开要和不要的东西，扔掉不要的东西。

Đây là công việc phân chia vật cần thiết và vật không cần thiết, sau đó vứt bỏ vật không cần thiết.

การสะสางแยกแยะของที่จำเป็นและไม่จำเป็นออกจากกัน และกำจัดของที่ไม่จำเป็นทิ้ง

Memilah barang yang diperlukan dan yang tidak diperlukan, lalu membuang barang yang tidak diperlukan.

လိုအပ်သောအရာနဲ့ မလိုအပ်သောအရာကို ခွဲခြားပြီးမလိုအပ်သော အရာများကို လွှင့်ပစ်ခြင်း။

□ 031	せいとん **整頓** (する) seiton	put in order	整顿
		sắp xếp	สะดวกต่อการหา/ จัดของให้ใช้สะดวก
		menata (Rapi)	ညီညာသေသပ်အောင် ပြုလုပ်ခြင်း

倉庫の　部品を　整頓します。

We put the parts in the warehouse in order. / 整理仓库的零件。

Chúng tôi sắp xếp các linh kiện trong kho.

จัดระเบียบของในโกดังให้สะดวกต่อการใช้งานครับ/ค่ะ

Menata suku cadang di gudang (Seiton/Rapi).

ဂိုဒေါင်၏အစိတ်အပိုင်းများကို စီစီရီရီထားရှိပါမည်။

必要な時にすぐ取り出せるように配置すること。

To arrange things so that they can be accessed immediately when needed.

摆放成必要时可以马上取出的状态。

Đây là công việc bố trí các vật dụng sao cho có thể lấy ra ngay khi cần.

การจัดวางให้สามารถนำออกมาได้ทันทีเมื่อจำเป็น

Menempatkan sesuatu agar dapat segera diambil ketika dibutuhkan.

လိုအပ်သော အချိန်တွင် ချက်ချင်း ထုတ်ယူနိုင်ရန် စီစဉ်ထားခြင်း။

032	せいそう **清掃** (する) seisō	clean up	清扫
		vệ sinh sạch sẽ	สะอาด
		membersihkan (Resik)	သန့်ရှင်းခြင်း

作業場を　清掃してから　帰ります。

We will clean up the work place before leaving. / 打扫完车间再回家。

Chúng tôi dọn vệ sinh sạch sẽ nơi làm việc trước khi ra về.

ทำความสะอาดสถานที่ทำงานแล้วค่อยกลับบ้านครับ/ค่ะ

Pulang setelah membersihkan tempat kerja (Seisō/Resik).

လုပ်ငန်းခွင်ကို သန့်ရှင်းပြီးမှ ပြန်ပါမည်။

掃除して整理・整頓の状態を保つこと。

To clean up and keep them in order.

打扫保持整理及整顿的状态。

Đây là công việc quét dọn sạch sẽ để duy trì trạng thái đã được sàng lọc, sắp xếp.

ทำความสะอาดเพื่อรักษาสภาพสะสาง·สะดวกเอาไว้

Mempertahankan kondisi ringkas dan rapi dengan bersih-bersih.

သန့်ရှင်းရေးလုပ်ကာ ရှင်းလင်းနေသော၊ ညီညာသေသပ်အောင် ပြုလုပ်ထားသော အခြေအနေ၌ ထားခြင်း။

033	せいけつ **清潔** seiketsu	clean	清洁
		sạch sẽ	สุขลักษณะ
		menjaga tetap bersih (Rawat)	သန့်ရှင်းသပ်ရပ်ခြင်း

ロッカールームは　清潔に　使いましょう。

Let's keep the locker room clean. / 要干净地使用更衣室。

Hãy sử dụng phòng thay đồ một cách sạch sẽ.

ใช้ห้องล็อกเกอร์อย่างสะอาดถูกสุขลักษณะกันเถอะครับ/ค่ะ

Gunakan locker room dengan bersih (Seiketsu/Rawat).

locker room ကိုသန့်ရှင်းစွာ အသုံးပြုကြရအောင်။

整理、整頓、清掃をし、きれいな状態を保つこと。

To sort, put things in order, clean them, and keep them clean.

整理、整顿、清扫，保持干净的状态。

Đây là việc duy trì trạng thái sạch sẽ, ngăn nắp sau khi thực hiện sàng lọc, sắp xếp và vệ sinh sạch sẽ.

ทำการสะสาง, สะดวก, สะอาด เพื่อรักษาสภาพความสะอาดเอาไว้

Mempertahankan kondisi bersih dengan cara melakukan ringkas, rapi, dan resik.

ရှင်းလင်းခြင်း၊ ညီညာသေသပ်အောင်ပြုလုပ်ခြင်း၊ သန့်ရှင်းရေးပြုလုပ်ခြင်းများ လုပ်ကာ သပ်ရပ်သော အခြေအနေ၌ ထားခြင်း။

034	しつけ **しつけ** shitsuke	sustain	素养
		sẵn sàng	สร้างนิสัย
		pendisiplinan (Rajin)	စည်းကမ်း

5S の 5番目は 「しつけ」です。

The fifth "S" in 5S is "shitsuke," which means "sustain." / 5S 的第五个是"素养"。

Mục thứ 5 trong 5S là "Sẵn sàng".

ข้อที่ 5 ของ 5 ส.คือ "การสร้างนิสัย" ครับ/ค่ะ

Nomor lima dari 5S (5R) adalah Shitsuke (Rajin).

5S ၏ **5**ခုမြောက်သည် "စည်းကမ်း" ဖြစ်ပါသည်။

全員が 4S（整理、整頓、清掃、清潔）や基本的なルールを守る習慣をつけること。

To teach all members of the workplace to observe the 4S principles (sort, put in order, clean up, and clean) and basic rules.

教育所有人都要养成遵守 4S（整理、整顿、清扫、清洁）和基本规则的习惯。

Tất cả mọi người phải tạo cho mình thói quen luôn tuân thủ 4S (Sàng lọc, Sắp xếp, Vệ sinh sạch sẽ, Sạch sẽ) và các quy tắc cơ bản.

การที่ทุกคนสามารถรักษา 4S (สะสาง, สะดวก, สะอาด, สุขลักษณะ) หรือกฎพื้นฐานเอาไว้เป็นกิจวัตรประจำวัน

Membiasakan semua orang melakukan 4R (Ringkas, Rapi, Resik, dan Rawat) dan mematuhi aturan dasar.

လူတိုင်း **4S** (ရှင်းလင်းခြင်း၊ ညီညာသေသပ်အောင်ပြုလုပ်ခြင်း၊ သန့်ရှင်းရေးပြုလုပ်ခြင်း၊ သန့်ရှင်းသပ်ရပ်ခြင်း) နှင့် အခြေခံစည်းမျဉ်းများကို လိုက်နာသော အလေ့အထကို မွေးမြူခြင်း။

ユニット 5

とらぶる トラブル

Trouble　问题
Sự cố　ปัญหา
Masalah　ပြဿနာ

035	とらぶる **トラブル** toraburu	trouble	问题
		sự cố	ปัญหา
		masalah	ပြဿနာ

機械(きかい)の　トラブルが　ありました。
There was trouble with the machinery. / 机器发生了问题。
Đã có sự cố máy móc xảy ra.
เครื่องจักรมีปัญหาครับ/ค่ะ
Ada masalah mesin.
စက်ပစ္စည်းတွင် ပြဿနာရှိခဲ့ပါသည်။

036	みす **ミス** (する) misu	make a mistake	错误
		lỗi	ความผิดพลาด
		kesalahan	အမှား

ミスは　報告(ほうこく)しなければ　なりません。
You must report mistakes. / 失误必须报告。
Bạn phải báo cáo khi có lỗi.
ต้องรายงานความผิดพลาดด้วยครับ/ค่ะ
Kesalahan harus dilaporkan.
အမှားကို အစီရင်မခံ၍မရပါ။

037	ふりょうひん **不良品** furyōhin	defective products	不良品／残次品
		hàng lỗi	ของไม่ผ่านมาตรฐาน/งานเสีย/ของเสีย
		produk cacat	အပြစ်အနာအဆာရှိသောပစ္စည်း

不良品(ふりょうひん)を　検査(けんさ)します。
We inspect the defective products. / 检查不良品。
Kiểm tra hàng lỗi.
ตรวจสอบของไม่ผ่านมาตรฐานครับ/ค่ะ
Memeriksa produk cacat.
အပြစ်အနာအဆာရှိသောပစ္စည်းများကို စစ်ဆေးပါမည်။

□ 038	けっぴん	be out of stock	缺货
	欠品 (する)	thiếu hàng	(ของ)ไม่ครบ/ (ของ)ขาด
	keppin	kehabisan stok	ပစ္စည်းပြတ်ခြင်း

製品(せいひん)の　欠品(けっぴん)を　連絡(れんらく)します。
We will inform you when we are out of stock. / 通知产品缺货。
Chúng tôi sẽ liên hệ khi thiếu hàng.
ติดต่อเรื่องของที่ไม่ครบครับ/ค่ะ
Memberitahu stok produk kosong.
ထုတ်ကုန်ပစ္စည်းများ ပစ္စည်းပြတ်သွားလျှင် အကြောင်းကြားပါမည်။

□ 039	ふぐあい	bug/failure	不良状况
	不具合	hư hỏng	ความบกพร่อง
	fuguai	cacat/kerusakan	ချွတ်ယွင်းမှု

機械(きかい)の　不具合(ふぐあい)を　調(しら)べて　います。
We are investigating a failure with the machinery. / 我在检查机器的不良状况。
Chúng tôi điều tra tình trạng hư hỏng của máy móc.
กำลังตรวจหาความบกพร่องของเครื่องจักรอยู่ครับ/ค่ะ
Sedang memeriksa kerusakan mesin.
စက်ပစ္စည်း၏ချွတ်ယွင်းမှုကို လေ့လာစစ်ဆေးနေပါသည်။

□ 040	くれーむ	complaint	投诉
	クレーム	khiếu nại	การร้องเรียน/ การตำหนิ
	kurēmu	klaim/komplain	complain

今月(こんげつ)は　10回(かい)　クレームが　ありました。
We received 10 complaints this month. / 本月有 10 次投诉。
Đã có 10 khiếu nại trong tháng này.
เดือนนี้มีการร้องเรียนเข้ามา 10 ครั้งครับ/ค่ะ
Ada 10 klaim bulan ini.
ယခုလတွင် complain 10ကြိမ် ရှိခဲ့ပါသည်။

□ 041	こわれる	break	故障／坏
	壊れる	hỏng	เสีย/พัง
	kowareru	rusak	ပျက်စီးသည်

その　機械(きかい)は　壊(こわ)れて　いますよ。
That machine is broken. / 那台机器坏了哦。
Máy này bị hỏng rồi.
เครื่องจักรเครื่องนั้นเสียครับ/ค่ะ
Mesin itu rusak.
ထိုစက်ပစ္စည်းသည် ပျက်စီးနေပါသည်။

□ 042	しゅうり **修理** する shūri	repair	修理
		sửa chữa	ซ่อมแซม
		memperbaiki	ပြုပြင်သည်

この 機械(きかい)を 修理(しゅうり)して ください。
Please repair this machine. / 请修理这台机器。
Hãy sửa máy này giùm.
กรุณาซ่อมเครื่องจักรนี้ด้วยครับ/ค่ะ
Tolong perbaiki mesin ini.
ဤစက်ပစ္စည်းကို ပြုပြင်ပါ။

□ 043	きを つける **気を 付ける** ki o tsukeru	be careful	小心
		cẩn thận	ระมัดระวัง
		berhati-hati	သတိထားသည်

危(あぶ)ないですよ。気(き)を 付(つ)けて ください。
Be careful. It's dangerous. / 危险。请小心。
Nguy hiểm đó. Hãy cẩn thận!
อันตรายนะครับ/คะ กรุณาระมัดระวังด้วย
Berbahaya, lho. Tolong hati-hati.
အန္တရာယ်ရှိတယ်နော်။ သတိထားပါ။

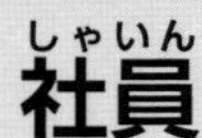

しゃいん
社員

Employee	员工
Nhân viên chính thức	พนักงาน
Karyawan	ဝန်ထမ်း

□ 044	たんとうしゃ **担当者** tantōsha	person in charge	负责人
		người phụ trách	ผู้รับผิดชอบ
		penanggung jawab	တာဝန်ခံ

山本さんは　研修の　担当者です。
Mr. Yamamoto is in charge of training. / 山本先生是研修的负责人。
Ông Yamamoto là người phụ trách đào tạo.
คุณยามาโมโตะเป็นผู้รับผิดชอบการฝึกอบรมครับ/ค่ะ
Pak Yamamoto adalah penanggung jawab pelatihan.
မစ္စတာယာမမိုတို သည် လေ့ကျင့်ရေးတာဝန်ခံဖြစ်ပါသည်။

□ 045	どうりょう **同僚** dōryō	colleague	同事
		đồng nghiệp	เพื่อนร่วมงาน
		rekan kerja	လုပ်ဖော်ကိုင်ဖက်

今日は　同僚と　一緒に　作業しました。
Today we worked together with our colleagues. / 今天和同事一起作业了。
Hôm nay chúng tôi đã cùng làm việc với đồng nghiệp.
วันนี้ทำงานร่วมกับเพื่อนร่วมงานครับ/ค่ะ
Hari ini bekerja bersama dengan rekan kerja.
ဒီနေ့ လုပ်ဖော်ကိုင်ဖက်နှင့်အတူတူ အလုပ်လုပ်ခဲ့ပါသည်။

□ 046	せんぱい **先輩** senpai	senior colleague	前辈
		đàn anh	รุ่นพี่
		senior	စီနီယာ

先輩に　組み立て方を　習います。
We learn assembly from senior colleagues. / 向前辈学习组装方法。
Chúng tôi học cách lắp ráp từ các bậc đàn anh.
เรียนรู้การประกอบชิ้นส่วนจากรุ่นพี่ครับ/ค่ะ
Belajar cara merakit dari senior.
စီနီယာထံတွင် တပ်ဆင်နည်းကို သင်ယူပါမည်။

□ 047	こうはい **後輩** kōhai	junior colleague	后辈
		đàn em	รุ่นน้อง
		junior	ဂျူနီယာ

後輩に　作業を　教えます。

We teach junior colleagues to do the work. / 教后辈工作。

Chúng tôi hướng dẫn công việc cho đàn em.

สอนงานให้รุ่นน้องครับ/ค่ะ

Mengajari junior tentang pekerjaan.

ဂျူနီယာအားအလုပ်ကိုသင်ပြပေးပါမည်။

□ 048	しゃいん **社員** shain	employee	员工
		nhân viên chính thức	พนักงาน
		karyawan	ဝန်ထမ်း

社員は　何人　いますか。

How many employees are there? / 有多少名员工?

Có tất cả bao nhiêu nhân viên chính thức?

มีพนักงานกี่คนครับ/คะ

Ada berapa orang karyawan?

ဝန်ထမ်း ဘယ်နှစ်ဦးရှိပါသလဲ။

□ 049	がいこくじん **外国人** gaikokujin	people from other countries	外国人
		người nước ngoài	คนต่างชาติ
		orang asing	နိုင်ငံခြားသားဝန်ထမ်း

外国人社員は　10人　います。

There are 10 employees from other countries. / 有 10 名外籍员工。

Công ty có 10 nhân viên người nước ngoài.

พนักงานต่างชาติมี 10 คนครับ/ค่ะ

Karyawan asing ada 10 orang.

နိုင်ငံခြားသားဝန်ထမ်းသည် 10ဦး ရှိပါသည်။

□ 050	あるばいと **アルバイト** (する) arubaito	work part-time	临时工
		công việc bán thời gian	งานพิเศษ
		bekerja paruh waktu	အချိန်ပိုင်းအလုပ်

工場で　アルバイトを　して　います。

I work part-time at the factory. / 我在工厂做临时工。

Tôi đang làm công việc bán thời gian tại nhà máy.

ทำงานพิเศษที่โรงงานครับ/ค่ะ

Saya bekerja paruh waktu di pabrik.

စက်ရုံတွင် အချိန်ပိုင်းအလုပ် လုပ်နေပါသည်။

051	けんしゅうせい	trainee	研修生／实习生
	研修生	thực tập sinh	ผู้ฝึกอบรม
	kenshūsei	peserta pelatihan	လေ့ကျင့်ရေး သင်တန်းသား

私(わたし)は　ABC 工場(こうじょう)の　研修生(けんしゅうせい)です。

I am a trainee at the ABC factory. / 我是 ABC 工厂的研修生。

Tôi là thực tập sinh tại nhà máy ABC.

ผมดิฉันเป็นผู้ฝึกอบรมของโรงงาน ABC ครับ/ค่ะ

Saya adalah peserta pelatihan di pabrik ABC.

ကျွန်တော်သည် ABCစက်ရုံ၏ လေ့ကျင့်ရေးသင်တန်းသားဖြစ်ပါသည်။

052	しどういん	trainer/instructor	指导员
	指導員	người hướng dẫn	ผู้ฝึกสอน
	shidōin	instruktur/pengajar/ pelatih	နည်းပြ၊ ညွှန်ကြားသူ

指導員(しどういん)に　何(なん)でも　相談(そうだん)して　くださいね。

Please ask your instructor any questions you may have. / 有任何问题请与指导员商量。

Hãy trao đổi với người hướng dẫn về mọi vấn đề nhé.

จะปรึกษาผู้ฝึกสอนเรื่องอะไรก็ได้นะครับ/คะ

Silakan berkonsultasi apa saja dengan instruktur, ya.

နည်းပြထံသို့ မည်သည့်ကိစ္စမဆို တိုင်ပင်ဆွေးနွေးပါနော်။

ユニット 7

職位(しょくい)・役職(やくしょく)

Positions / 职位・要职 / Chức vụ/chức danh / ตำแหน่ง / Posisi / ရာထူး၊ အဆင့်

053	しゃちょう **社長** shachō	company president	社长
		tổng giám đốc	ผู้จัดการบริษัท
		presiden direktur perusahaan	သူဌေး

社長(しゃちょう)の　名前(なまえ)を　知(し)って　いますか。
Do you know the name of the company president? / 你知道社长的名字吗?
Bạn có biết tên của tổng giám đốc không?
ทราบชื่อของผู้จัดการบริษัทหรือไม่ครับ/คะ
Tahukah Anda nama presiden direktur perusahaan?
သူဌေး၏နာမည်ကို သိပါသလား။

054	こうじょうちょう **工場長** kōjōchō	factory manager	工场长
		giám đốc nhà máy	ผู้จัดการโรงงาน
		kepala pabrik	စက်ရုံမှူး

工場長(こうじょうちょう)は　とても　親切(しんせつ)です。
The factory manager is very kind. / 厂长很亲切。
Giám đốc nhà máy rất tốt bụng.
ผู้จัดการโรงงานใจดีมาก ๆ ครับ/ค่ะ
Kepala pabrik sangat ramah.
စက်ရုံမှူးသည် အလွန်ကြင်နာတတ်ပါသည်။

055	ぶちょう **部長** buchō	department manager	部长
		trưởng bộ phận	ผู้จัดการฝ่าย
		general manajer	ဌာနမှူး

製造部(せいぞうぶ)の　部長(ぶちょう)は　誰(だれ)ですか。
Who is the manager of the Manufacturing Department? / 制造部的部长是谁?
Trưởng bộ phận sản xuất là ai?
ใครคือผู้จัดการฝ่ายการผลิตหรือครับ/คะ
Siapa general manajer departemen manufaktur?
ကုန်ထုတ်လုပ်မှုဌာန၏ဌာနမှူးသည် မည်သူနည်း။

056	かちょう **課長** kachō	section manager	科长
		trưởng phòng	ผู้จัดการแผนก
		manajer	ဌာနစိတ်မှူး

田中(たなか)さんは　営業課長(えいぎょうかちょう)に　なりました。

Mr. Tanaka has been appointed the sales manager. / 田中先生当上了营业科长。

Ông Tanaka đã trở thành trưởng phòng kinh doanh.

คุณทานากะได้เป็นผู้จัดการแผนกเซลล์แล้วครับ/ค่ะ

Pak Tanaka telah menjadi manajer pemasaran.

မစ္စတာတာနကသည် အရောင်းဌာနစိတ်မှူး ဖြစ်သွားခဲ့ပါသည်။

057	じょうし **上司** jōshi	superior	上司
		cấp trên	หัวหน้า/เจ้านาย
		bos/atasan	အထက်လူကြီး

上司(じょうし)に　休(やす)みの　連絡(れんらく)を　します。

I will tell my superior that I am taking the day off. / 与上司联系申请休息。

Tôi liên lạc với cấp trên để xin nghỉ.

จะแจ้งเรื่องหยุดงานกับหัวหน้าครับ/ค่ะ

Menghubungi atasan mengenai tidak masuk kerja.

အထက်လူကြီးထံ ခွင့်ယူခြင်းကို အကြောင်းကြားပါမည်။

058	ぶか **部下** buka	subordinate	部下
		cấp dưới	ลูกน้อง
		bawahan	လက်အောက်ငယ်သား

部下(ぶか)が　5人(にん)　います。

I have five subordinates. / 有 5 名部下。

Tôi có 5 nhân viên cấp dưới.

ลูกน้องมี 5 คนครับ/ค่ะ

Bawahan saya ada 5 orang.

လက်အောက်ငယ်သား 5ဦး ရှိပါသည်။

ユニット 8

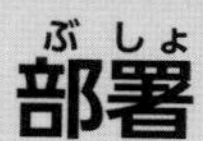

部署（ぶしょ）

Departments of a company	部门
Phòng ban	แผนก/ฝ่าย
Departemen dalam Perusahaan	ဌာန

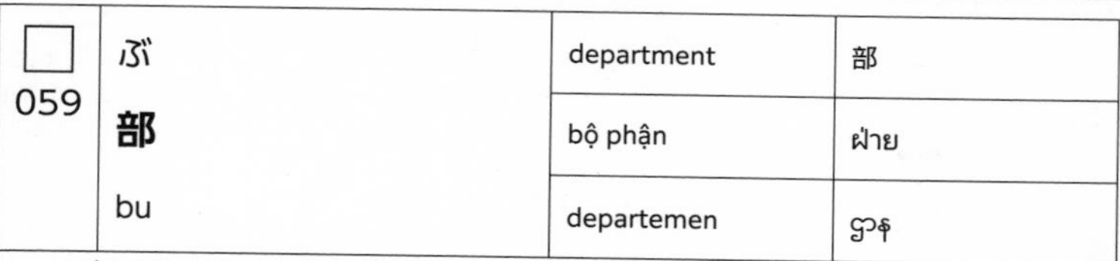

□ 059	ぶ 部 bu	department	部
		bộ phận	ฝ่าย
		departemen	ဌာန

ABC社（しゃ）には　6つ（むっ）の　部（ぶ）が　あります。
ABC Co. has six departments. / ABC 公司有 6 个部。
Công ty ABC có 6 bộ phận.
บริษัท ABC มีทั้งหมด 6 ฝ่ายครับ/ค่ะ
Ada 6 departemen di perusahaan ABC.
ABCကုမ္ပဏီတွင် ဌာန6ခု ရှိပါသည်။

□ 060	か 課 ka	section	科
		phòng	แผนก
		divisi	ဌာနစိတ်

同じ（おな）　課（か）の　同僚（どうりょう）に　質問（しつもん）します。
I will ask a colleague on the same section. / 向同一科的同事提问。
Tôi sẽ hỏi đồng nghiệp trong cùng phòng ban.
ถามเพื่อนร่วมงานในแผนกเดียวกันครับ/ค่ะ
Bertanya kepada rekan kerja di divisi yang sama.
ဌာနစိတ်တူ လုပ်ဖော်ကိုင်ဖက်အား မေးခွန်းမေးပါမည်။

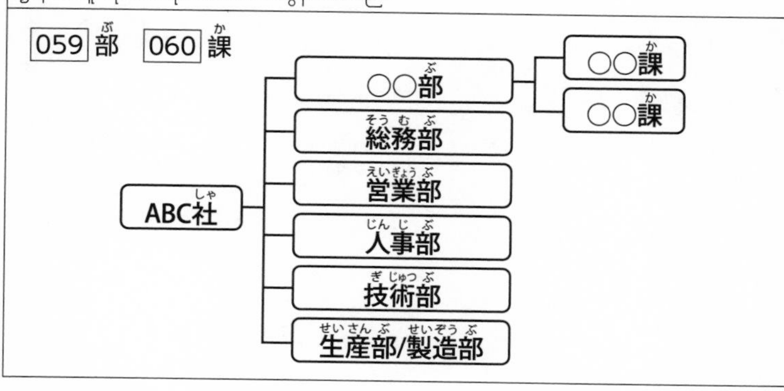

☐ 061	せいさんぶ	production department	生产部
	生産部	bộ phận sản xuất	ฝ่ายการผลิต
	seisanbu	departemen produksi	ထုတ်လုပ်ရေးဌာန

生産部(せいさんぶ)で　研修(けんしゅう)を　受(う)けて　います。
I am being trained in the Production Department. / 我在生产部参加研修。
Tôi đang được đào tạo tại bộ phận sản xuất.
กำลังได้รับการฝึกอบรมที่ฝ่ายการผลิตครับ/ค่ะ
Ikut pelatihan di departemen produksi.
ထုတ်လုပ်ရေးဌာနတွင် သင်တန်းတက်နေပါသည်။

☐ 062	せいぞうぶ	manufacturing department	制造部
	製造部	bộ phận chế tạo	ฝ่ายการผลิต
	seizōbu	departemen manufaktur	ကုန်ထုတ်လုပ်ရေးဌာန
☐ 063	ぎじゅつぶ	engineering department	技术部
	技術部	bộ phận kỹ thuật	ฝ่ายวิศวกรรม
	gijutsubu	departemen teknik	နည်းပညာဌာန
☐ 064	えいぎょうぶ	sales department	营业部
	営業部	bộ phận kinh doanh	ฝ่ายขาย/ฝ่ายเซลล์
	eigyōbu	departemen pemasaran	အရောင်းပိုင်းဌာန
☐ 065	そうむぶ	general affairs department	总务部
	総務部	bộ phận hành chính	ฝ่ายทั่วไป/ฝ่ายธุรการ
	sōmubu	departemen operasional/urusan umum	အထွေထွေရေးရာဌာန
☐ 066	じんじぶ	human resources department	人事部
	人事部	bộ phận nhân sự	ฝ่ายบุคคล
	jinjibu	departemen personalia	လူ့စွမ်းအားအရင်းအမြစ်ဌာန

ユニット 9

業務（ぎょうむ）

Duty/work | 业务
Công việc | การปฏิบัติงาน
Tugas | လုပ်ငန်းတာဝန်

□ 067	かいはつ 開発 する kaihatsu	develop	开发
		phát triển	พัฒนา
		mengembangkan	တီထွင်ဆန်းသစ်သည်

新しい　製品を　開発して　います。
We are developing new products. / 我在开发新产品。
Chúng tôi đang phát triển sản phẩm mới.
กำลังพัฒนาผลิตภัณฑ์ใหม่อยู่ครับ/ค่ะ
Kami sedang mengembangkan produk baru.
ထုတ်ကုန်အသစ်ကို တီထွင်လျက်ရှိပါသည်။

□ 068	せっけい 設計 する sekkei	design	设计
		thiết kế	ออกแบบ
		mendesain	ဒီဇိုင်းရေးဆွဲသည်

設計に　ミスが　ありました。
There was a design flaw. / 设计有错误。
Đã có sai sót trong thiết kế.
การออกแบบมีข้อผิดพลาดครับ/ค่ะ
Ada kesalahan pada desain.
ဒီဇိုင်းရေးဆွဲခြင်းတွင် အမှားရှိခဲ့ပါသည်။

□ 069	めんてなんす メンテナンス する mentenansu	maintain	保养
		bảo trì	ซ่อมบำรุง
		melakukan pemeliharaan	maintenance

機械の　メンテナンスを　します。
We do maintenance on the machine. / 进行机器的维修。
Chúng tôi thực hiện bảo trì máy.
ซ่อมบำรุงเครื่องจักรครับ/ค่ะ
Melakukan pemeliharaan mesin.
စက်ပစ္စည်းအား maintenance ပြုလုပ်ပါမည်။

□ 070	ぎょうむ **業務** gyōmu	duty/work	业务
		công việc	ปฏิบัติงาน
		tugas	လုပ်ငန်းတာဝန်

業務報告を　して　ください。
Please report your work progress. / 请做业务报告。
Hãy viết báo cáo công việc.
กรุณารายงานการปฏิบัติงานด้วยครับ/ค่ะ
Tolong buat laporan tugas.
လုပ်ငန်းတာဝန်အစီရင်ခံခြင်းကို ပြုလုပ်ပါ။

□ 071	さぎょう **作業** (する) sagyō	work/operate	作业
		làm việc	ทำงาน
		mengerjakan	လုပ်ငန်းလုပ်ဆောင်သည်

製造ラインで　作業します。
I work on the manufacturing line. / 在生产线上工作。
Tôi làm việc tại dây chuyền sản xuất.
ทำงานที่สายการผลิตครับ/ค่ะ
Bekerja di line produksi.
ထုတ်လုပ်မှုline တွင် လုပ်ဆောင်ပါမည်။

ユニット 10

組織（そしき）

Organization	组织
Tổ chức	องค์กร
Organisasi	အဖွဲ့အစည်း

□ 072	かいしゃ **会社** kaisha	company	公司
		công ty	บริษัท
		perusahaan	ကုမ္ပဏီ

会社（かいしゃ）の　寮（りょう）に　住（す）んで　います。
I live in the company dormitory. / 我住在公司宿舍。
Tôi đang sống trong ký túc xá của công ty.
อาศัยอยู่ที่หอพักของบริษัทครับ/ค่ะ
Tinggal di asrama perusahaan.
ကုမ္ပဏီအဆောင်တွင် နေထိုင်လျက်ရှိပါသည်။

□ 073	こうじょう **工場** kōjō	factory/plant	工场
		nhà máy	โรงงาน
		pabrik	စက်ရုံ

タイヤ工場（こうじょう）は　タイに　あります。
The tire plant is in Thailand. / 轮胎工厂在泰国。
Nhà máy sản xuất lốp xe ở tại Thái Lan.
โรงงานยางรถยนต์อยู่ในประเทศไทยครับ/ค่ะ
Perusahaan ban ada di Thailand.
တာယာစက်ရုံသည် ထိုင်းတွင် ရှိပါသည်။

□ 074	じむしょ **事務所** jimusho	office	事务所
		văn phòng	สำนักงาน
		kantor	ရုံးခန်း

事務所（じむしょ）で　日報（にっぽう）を　書（か）きます。
I write a daily report at the office. / 我在事务所写日报。
Viết báo cáo hằng ngày tại văn phòng.
เขียนรายงานประจำวันที่สำนักงานครับ/ค่ะ
Menulis laporan harian di kantor.
ရုံးခန်းတွင် နေ့စဉ်အစီရင်ခံစာကို ရေးပါမည်။

075	ほんしゃ **本社** honsha	head office	总公司
		trụ sở chính	สำนักงานใหญ่
		kantor pusat	ရုံးချုပ်

東京本社(とうきょうほんしゃ)へ　行(い)った　ことが　ありますか。
Have you ever been to the Tokyo head office? / 你去过东京总公司吗？
Bạn đã từng đến trụ sở chính ở Tokyo chưa?
เคยไปสำนักงานใหญ่ที่โตเกียวไหมครับ/คะ
Apakah Anda pernah pergi ke kantor pusat Tokyo?
တိုကျိုရုံးချုပ်သို့ သွားဖူးပါသလား။

076	ししゃ **支社** shisha	branch office	分公司
		chi nhánh	สาขา
		kantor cabang	ရုံးခွဲ

こちらは　大阪支社(おおさかししゃ)の　山下(やました)さんです。
This is Ms. Yamashita from the Osaka Branch. / 这位是大阪分公司的山下女士。
Đây là Bà Yamashita đến từ chi nhánh Osaka.
นี่คือคุณยามาชิตะจากสาขาโอซาก้าครับ/ค่ะ
Ini adalah Bu Yamashita dari kantor cabang Osaka.
ဒီဘက်ကတော့ အိုဆာကာရုံးခွဲမှ ဒေါ်ယာမရှိတ ဖြစ်ပါတယ်။

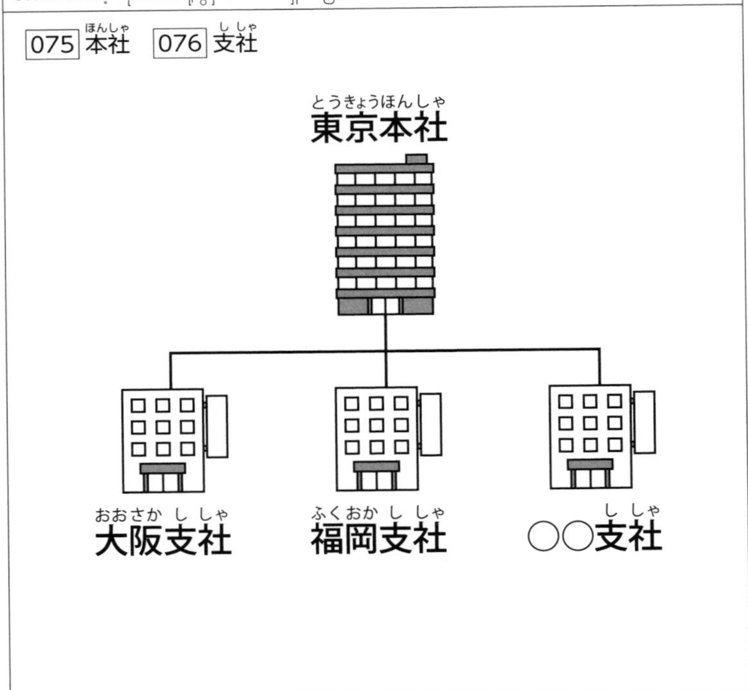

077	しょくば **職場** shokuba	workplace	职场
		nơi làm việc	ที่ทำงาน
		tempat kerja	အလုပ်ခွင်

職場(しょくば)に　着(つ)いてから　着替(きが)えます。

We change clothes after arriving in the workplace. / 到了单位再换衣服。

Chúng tôi thay trang phục sau khi đến nơi làm việc.

ถึงที่ทำงานแล้วจึงเปลี่ยนชุดครับ/ค่ะ

Berganti baju setelah tiba di tempat kerja.

အလုပ်ခွင်သို့ရောက်ပြီးနောက် အဝတ်အစားလဲပါမည်။

ユニット 11

就業（しゅうぎょう）

Working	就业
Việc làm	การเข้าทำงาน
Kerja	အလုပ်ခန့်အပ်ခြင်း

□ 078	きゅうけい **休憩** する kyūkei	have a break	休息
		nghỉ giải lao	พัก
		beristirahat	အနားယူသည်

12 時(じ)から　1 時間(じかん)　休憩(きゅうけい)して　ください。
Please take a break for 1 hour from 12:00. / 请从 12 点开始休息一个小时。
Hãy nghỉ giải lao 1 tiếng từ 12 giờ.
กรุณาพัก 1 ชั่วโมง ตั้งแต่ 12 นาฬิกานะครับ/ค่ะ
Silakan istirahat selama 1 jam mulai jam 12.
12နာရီမှ 1နာရီကြား အနားယူပါ။

□ 079	ちこく **遅刻** する chikoku	come late to work	迟到
		đến muộn	ถึงช้ากว่ากำหนด
		terlambat	နောက်ကျသည်

すみません。10 分(ぷん)ぐらい　遅刻(ちこく)します。
I'm sorry, but I will be about 10 minutes late. / 对不起。我会迟到十分钟左右。
Xin lỗi. Tôi sẽ đến muộn khoảng 10 phút.
ขอโทษครับ/ค่ะ จะถึงช้ากว่ากำหนดประมาณ 10 นาทีครับ/ค่ะ
Maaf. Saya akan terlambat sekitar 10 menit.
တောင်းပန်ပါတယ်။ 10မိနစ်လောက်နောက်ကျပါမယ်။

□ 080	そうたい **早退** する sōtai	leave work early	早退
		về sớm	เลิกงานก่อนเวลา
		pulang awal	ရုံးစောစောပြန်သည်

今日(きょう)　3 時(じ)に　早退(そうたい)しても　いいですか。
May I leave early today, at 3:00? / 我今天 3 点早退可以吗?
Tôi có thể về sớm lúc 3 giờ hôm nay không?
วันนี้ขอเลิกงานก่อนเวลาตอนบ่ายสามได้ไหมครับ/คะ
Bolehkah hari ini saya pulang awal pada jam 3?
ဒီနေ့3နာရီမှာရုံးစောစောပြန်လို့ရပါသလား။

□ 081	ざんぎょう **残業** (する) zangyō	work overtime	加班
		tăng ca	ทำงานล่วงเวลา
		kerja lembur	အချိန်ပိုလုပ်သည်

リンさん、1時間　残業が　できますか。
Ms. Lin, can you work overtime for 1 hour? / 林小姐，你能加班一个小时吗?
Chị Lin, chị có thể tăng ca thêm một tiếng không?
คุณลินจะทำงานล่วงเวลา 1 ชั่วโมงได้ไหมครับ/คะ
Saudari Lin, bisakah Anda bekerja lembur selama satu jam?
ဒေါ်ရင်း 1နာရီအချိန်ပိုလုပ်နိုင်ပါသလား။

□ 082	がいしゅつ **外出** (する) gaishutsu	go out	外出
		đi ra ngoài	ออกไปข้างนอก
		pergi keluar	အပြင်ထွက်သည်

午前は　会議です。午後は　外出します。
I have a meeting in the morning. I will be out in the afternoon. / 上午开会。下午外出。
Buổi sáng tôi có họp. Buổi chiều tôi sẽ ra ngoài.
ช่วงเช้ามีประชุม ช่วงบ่ายออกไปข้างนอกครับ/ค่ะ
Pagi hari ada rapat. Siang hari saya akan pergi keluar.
မနက်ပိုင်းက အစည်းအဝေးပါ။ ညနေပိုင်းက အပြင်ထွက်ပါမယ်။

□ 083	しゅっちょう **出張** (する) shutchō	travel on business	出差
		đi công tác	ไปปฏิบัติงานนอกจังหวัด
		melakukan perjalanan bisnis	အလုပ်ကိစ္စနဲ့ခရီးသွားသည်

部長は　今日　出張ですか。
Is the department manager traveling on business today? / 部长今天出差吗?
Hôm nay trưởng bộ phận đi công tác phải không?
วันนี้หัวหน้าฝ่ายออกไปปฏิบัติงานนอกจังหวัดหรือครับ/คะ
Apakah general manajer akan perjalanan bisnis hari ini?
ဌာနမှူးက ဒီနေ့အလုပ်ကိစ္စနဲ့ခရီးသွားတာပါလား။

□ 084	きゅうりょう **給料** kyūryō	salary/pay	工资
		lương	เงินเดือน
		gaji/upah	လစာ

毎月　25日に　給料を　もらいます。
We are paid salary on the 25th of each month. / 每个月 25 号领工资。
Chúng tôi nhận lương vào ngày 25 hàng tháng.
รับเงินเดือนในวันที่ 25 ของทุกเดือนครับ/ค่ะ
Menerima gaji setiap bulan tanggal 25.
လစဉ်25ရက်နေ့တွင် လစာရပါသည်။

□ 085	ぼーなす **ボーナス** bōnasu	bonus	奖金
		tiền thưởng	โบนัส
		bonus	bonus

ボーナスで　自転車(じてんしゃ)を　買(か)いたいです。

I want to buy a bicycle with my bonus. / 我想用奖金买自行车。

Tôi muốn mua một chiếc xe đạp bằng tiền thưởng của mình.

อยากซื้อจักรยานด้วยเงินโบนัสครับ/ค่ะ

Saya ingin membeli sepeda dengan bonus.

bonusဖြင့် စက်ဘီးဝယ်ချင်ပါသည်။

ユニット 12

日常業務（にちじょうぎょうむ）

Daily work
日常业务
Công việc hàng ngày
การทำงานประจำวัน
Operasional Harian
နေ့စဉ်လုပ်ငန်းတာဝန်

086	じかんげんしゅ **時間厳守** jikan-genshu	punctuality	遵守时间
		đúng giờ	รักษาเวลาอย่างเข้มงวด
		tepat waktu	အချိန်တိကျမှု

時間厳守（じかんげんしゅ）で　お願（ねが）いします。
Please be sure to be on time. / 请严格遵守时间。
Vui lòng đúng giờ.
กรุณารักษาเวลาอย่างเข้มงวดด้วยครับ/ค่ะ
Mohon tepat waktu.
အချိန်တိကျပေးပါ။

087	よてい **予定** (する) yotei	plan	计划／安排
		dự định	กำหนดการ
		jadwal/rencana	အစီအစဉ်

今日（きょう）の　作業予定（さぎょうよてい）を　教（おし）えて　ください。
Please tell me today's work plans. / 请告诉我今天的工作计划。
Xin cho biết dự định công việc ngày hôm nay của bạn.
กรุณาบอกกำหนดการของงานในวันนี้ด้วยครับ/ค่ะ
Tolong beritahu rencana kerja hari ini.
ဒီနေ့ လုပ်ငန်းအစီအစဉ်ကို ပြောပြပါ။

088	あいさつ **あいさつ** (する) aisatsu	greet	打招呼／问候
		chào hỏi	ทักทาย
		mengucapkan salam	နှုတ်ဆက်သည်

職場（しょくば）では　元気（げんき）に　あいさつしましょう。
Let's greet each other enthusiastically in the workplace. / 在职场要精神的打招呼。
Hãy cùng vui vẻ chào hỏi mọi người tại nơi làm việc.
ในที่ทำงาน เรามาทักทายกันด้วยความยิ้มแย้มแจ่มใสกันเถอะนะครับ/คะ
Mari memberi salam di tempat kerja dengan bersemangat.
အလုပ်ခွင်တွင် တက်တက်ကြွကြွ နှုတ်ဆက်ကြရအောင်။

□ 089	かくにん	confirm/check	确认
	確認 (する)	xác nhận/kiểm tra	ตรวจสอบยืนยัน
	kakunin	memastikan	စစ်ဆေးသည်

もう　一度　確認しても　いいですか。
May I check on that once more? / 可以再确认一次吗?
Tôi có thể kiểm tra lại một lần nữa được không?
ตรวจสอบยืนยันอีกครั้งได้ไหมครับ/คะ
Bolehkah memastikan sekali lagi?
နောက်တစ်ကြိမ် စစ်ဆေးလို့ရမလား။

□ 090	しじ	instruct	指示
	指示 (する)	chỉ thị	สั่งงาน
	shiji	instruksi	ညွှန်ကြားသည်

指示が　わかりましたか。
Did you understand the instructions? / 理解指示了吗?
Bạn đã hiểu các chỉ thị chưa?
เข้าใจคำสั่งงานไหมครับ/คะ
Apakah Anda sudah paham instruksinya?
ညွှန်ကြားချက်တွေကို နားလည်ပါသလား။

□ 091	わたす	give	交给
	渡す	trao	ส่งมอบ
	watasu	menyerahkan	ပေးသည်

書類を　田中さんに　渡して　ください。
Please give the papers to Mr. Tanaka. / 请把文件交给田中先生。
Hãy trao tài liệu cho ông Tanaka.
กรุณาส่งมอบเอกสารให้คุณทานากะด้วยครับ/ค่ะ
Tolong serahkan dokumennya kepada Pak Tanaka.
စာရွက်စာတမ်းတွေကို မစ္စတာတာနကဆီ ပေးလိုက်ပါ။

092	ほうこく **報告** (する) hōkoku	report	报告
		báo cáo	รายงาน
		melapor	အစီရင်ခံသည်

事故(じこ)は　すぐ　報告(ほうこく)して　ください。

Please report any accidents right away. / 事故请马上报告。

Hãy báo cáo về tai nạn ngay.

เมื่อเกิดอุบัติเหตุกรุณารายงานทันทีครับ/ค่ะ

Tolong laporkan kecelakaan secepatnya.

မတော်တဆဖြစ်ပါက ချက်ချင်း အစီရင်ခံပါ။

進捗状況(しんちょくじょうきょう)や結果(けっか)などを知(し)らせること。

To provide information on progress, results, etc.

报告进展状况和结果等。

Đây là việc thông báo tình hình tiến độ và kết quả, v.v...

การรายงานแจ้งความคืบหน้าหรือผลที่เป็นอยู่

Memberitahu perkembangan kondisi atau hasil.

တိုးတက်မှု အခြေအနေနှင့် ရလဒ်တို့ကို အသိပေးအကြောင်းကြားခြင်း။

093	れんらく **連絡** (する) renraku	inform	联络
		liên lạc	ติดต่อ
		menghubungi	အကြောင်းကြားသည်

休(やす)みや　遅刻(ちこく)は　連絡(れんらく)しましょう。

Please let us know if you will take a day off or be late. / 休息和迟到要联系。

Hãy nhớ liên lạc nếu bạn vắng mặt hoặc đến muộn.

เวลาจะหยุดงานหรือจะมาสาย ติดต่อมาให้ทราบกันด้วยนะครับ/คะ

Hubungi jika Anda tidak masuk atau terlambat.

ခွင့်ယူခြင်းများ၊ နောက်ကျခြင်းများရှိပါက အကြောင်းကြားပါ။

関係者(かんけいしゃ)に必要(ひつよう)な情報(じょうほう)を伝(つた)えること。

To communicate necessary information to related parties.

向相关人员传达必要的信息。

Đây là việc truyền đạt thông tin cần thiết cho các bên liên quan.

การติดต่อเพื่อส่งต่อข้อมูลที่จำเป็นและสำคัญให้แก่ผู้ที่เกี่ยวข้อง

Menyampaikan informasi yang diperlukan kepada pihak terkait.

သက်ဆိုင်သူများသို့ လိုအပ်သော သတင်းအချက်အလက်များကို အသိပေးပြောကြားခြင်း။

□ 094	そうだん **相談** (する) sōdan	consult	商量
		trao đổi	ปรึกษา
		berkonsultasi	တိုင်ပင်ဆွေးနွေးသည်

何(なん)でも　相談(そうだん)して　ください。

Please feel free to consult with us on anything. / 有任何问题请随时商量。

Hãy trao đổi với chúng tôi về mọi vấn đề.

จะปรึกษาเรื่องอะไรก็ได้นะครับ/คะ

Silakan berkonsultasi apa saja.

ဘာမဆို တိုင်ပင်ဆွေးနွေးပါ။

業務上(ぎょうむじょう)、必要(ひつよう)なアドバイスを求(もと)めること。

To ask for advice needed on the job.

在业务上寻求必要的建议。

Trong công việc, cần phải biết xin lời khuyên khi cần thiết.

การขอคำแนะนำที่จำเป็นในการปฏิบัติหน้าที่

Meminta saran yang diperlukan dalam pekerjaan.

လုပ်ငန်းတွင် လိုအပ်သော အကြံဉာဏ်များကို တောင်းခံခြင်း။

095

ほうれんそう

ホウレンソウ

hōrensō

095 ホウレンソウ（報・連・相）

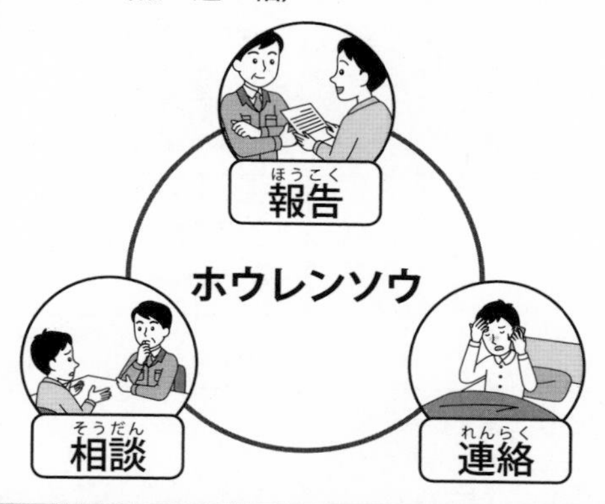

仕事で必要なコミュニケーションスキルをまとめた言い方。野菜のほうれん草（Hōrensō）の発音にかけている。

A way of expressing the communication skills needed on the job. Pronounced like the Japanese word for spinach.

总结工作中必要的交流技能的说法。与日语的菠菜的发音相同。

Đây là cách nói rút gọn các kỹ năng giao tiếp cần thiết trong công việc. Cách phát âm của từ này giống với phát âm của rau chân vịt.

เป็นคำย่อที่สรุปเกี่ยวกับทักษะในการสื่อสารต่าง ๆ ที่จำเป็นต้องใช้ในการทำงาน
โดยคำนี้อ่านออกเสียงตรงกันกับคำว่า “ผักโขม” ในภาษาญี่ปุ่น

Cara penyampaian yang telah dirangkum sebagai skil komunikasi yang dibutuhkan dalam pekerjaan. Mengambil pelafalan dari sayur bayam dalam bahasa Jepang.

အလုပ်တွင် လိုအပ်သော ဆက်သွယ်မှု အရည်အချင်းများကို စုစည်းခေါ်ဝေါ်သော အခေါ်အဝေါ်။
အသီးအရွက်ဖြစ်သော ဟင်းနုနွယ်၏ အသံထွက်ဖြစ်သည်။

ユニット12 日常業務

ユニット 13

会議・集会

(かいぎ・しゅうかい)

Meeting and gathering

会议・集会

Cuộc họp/hội họp

การประชุม·การชุมนุม

Rapat & Pertemuan

အစည်းအဝေး၊ တွေ့ဆုံစည်းဝေးခြင်း

096	かいぎ / **会議** (する) / kaigi	have a meeting/conference	会议／［开］会
		họp	ประชุม
		rapat	အစည်းအဝေး ပြုလုပ်သည်

2時から　会議を　します。

We will have a meeting at 2:00. / 两点开始开会。

Sẽ họp từ 2 giờ.

จะประชุมตั้งแต่บ่าย 2 โมงครับ/ค่ะ

Saya akan rapat mulai jam 2.

2နာရီကနေ အစည်းအဝေးလုပ်ပါမယ်။

097	みーてぃんぐ / **ミーティング** (する) / mītingu	have a meeting	会议／［开］会
		họp	ประชุม
		rapat	အစည်းအဝေး ပြုလုပ်သည်

今から　ミーティングを　始めます。

Now let's start the meeting. / 现在开始开会。

Cuộc họp sẽ bắt đầu từ bây giờ.

ตั้งแต่นี้ไปจะขอเริ่มการประชุมครับ/ค่ะ

Saya akan memulai rapat dari sekarang.

ယခု အစည်းအဝေးကို စပါမည်။

098	うちあわせ / **打ち合わせ** (する) / uchiawase	have a meeting/briefing	协商／［开］碰头会
		họp bàn	หารือ/พบปะ
		rapat	တွေ့ဆုံဆွေးနွေးသည်

会議室で　課長と　打ち合わせを　します。

I will have a meeting with the section manager in the meeting room. / 在会议室和科长开会。

Tôi sẽ họp bàn với trưởng phòng tại phòng họp.

จะหารือกับผู้จัดการแผนกที่ห้องประชุมครับ/ค่ะ

Saya akan rapat dengan manajer di ruang rapat.

အစည်းအဝေးခန်းတွင် ဌာနမှူးနှင့် တွေ့ဆုံဆွေးနွေးပါမည်။

099	ちょうれい **朝礼** chōrei	morning meeting	晨会
		họp đầu giờ sáng	ประชุมเช้าก่อนเริ่มงาน
		apel pagi	နံနက်ခင်းအစည်းအဝေး

毎朝(まいあさ)　9時(じ)から　朝礼(ちょうれい)を　して　います。
We have a morning meeting each morning at 9:00. / 每天早上九点开早会。
Hàng ngày chúng ta sẽ có họp đầu giờ sáng vào lúc 9 giờ.
ทุกเช้าตั้งแต่เวลา 9 โมง จะทำการประชุมเช้าก่อนเริ่มงานครับ/ค่ะ
Kami apel pagi setiap pagi dari jam 9.
မနက်တိုင်း9နာရီမှ နံနက်ခင်းအစည်းအဝေး ပြုလုပ်လျက်ရှိပါသည်။

100	ぎじろく **議事録** gijiroku	meeting minutes	会议记录
		biên bản họp	บันทึกการประชุม
		notulen	အစည်းအဝေးမှတ်တမ်း

議事録(ぎじろく)を　書(か)く　ことが　できますか。
Can you take the minutes of a meeting? / 你可以记会议记录吗?
Bạn có thể viết biên bản cuộc họp không?
สามารถเขียนบันทึกการประชุมได้ไหมครับ/คะ
Bisakah Anda menulis notulennya?
အစည်းအဝေးမှတ်တမ်းကို ရေးနိုင်ပါသလား။

101	のみかい **飲み会** nomikai	drinking party	酒会
		tiệc rượu	งานดื่มสังสรรค์
		pesta minum-minum	စားသောက်ပွဲ

明日(あした)の　飲(の)み会(かい)に　参加(さんか)しますか。
Will you go out drinking with us tomorrow? / 你参加明天的聚餐吗?
Bạn có tham gia tiệc rượu ngày mai không?
พรุ่งนี้จะเข้าร่วมงานดื่มสังสรรค์ไหมครับ/คะ
Apakah Anda akan menghadiri pesta minum-minum besok?
မနက်ဖြန် စားသောက်ပွဲတွင် ပါဝင်မည်လား။

ユニット 14

目標管理（もくひょうかんり）

Objective management	目标管理
Quản lý mục tiêu	การบริหารเป้าหมาย
Manajemen Target	ရည်မှန်းချက်အတွက်စီမံခန့်ခွဲခြင်း

□ 102	もくひょう **目標** mokuhyō	goal/target	目标
		mục tiêu	เป้าหมาย
		target	ရည်မှန်းချက်

今年（ことし）の　売上目標（うりあげもくひょう）を　達成（たっせい）しました。

We have achieved this year's sales target. / 完成了今年的销售目标。

Chúng ta đã đạt được mục tiêu doanh thu của năm nay.

ปีนี้ทำยอดขายได้ตามเป้าหมายครับ/ค่ะ

Target penjualan tahun ini telah tercapai.

ယခုနှစ်၏ အရောင်းရည်မှန်းချက်ကို ရောက်ရှိအောင်မြင်ခဲ့ပါသည်။

□ 103	ほうしん **方針** hōshin	policy	方针
		chính sách	นโยบาย
		kebijakan	မူဝါဒ

会社（かいしゃ）の　品質方針（ひんしつほうしん）が　わかりますか。

Do you understand the company's quality policy? / 理解公司的质量方针吗?

Bạn có hiểu chính sách về chất lượng của công ty không?

ทราบนโยบายด้านคุณภาพของบริษัทไหมครับ/คะ

Apakah Anda memahami kebijakan mutu perusahaan?

ကုမ္ပဏီ၏ ကုန်ပစ္စည်းအရည်အသွေးမူဝါဒကို နားလည်ပါသလား။

□ 104	けいかく **計画** (する) keikaku	plan	计划
		kế hoạch	วางแผน
		rencana	စီမံကိန်း

来週（らいしゅう）までに　コスト計画（けいかく）を　作（つく）ります。

We will prepare a cost plan by next week. / 下周之前制定好成本计划。

Chúng tôi phải lập xong kế hoạch chi phí cho đến tuần tới.

จะวางแผนต้นทุนได้ภายในสัปดาห์หน้าครับ/ค่ะ

Saya akan membuat rencana biaya sebelum minggu depan.

နောက်အပတ်မတိုင်မီ ကုန်ကျစရိတ်စီမံကိန်းကို ရေးဆွဲပါမည်။

□ 105	きょうりょく **協力** (する) kyōryoku	cooperate	協力／合作
		hợp tác	ร่วมมือ
		bekerja sama	ပူးပေါင်းဆောင်ရွက်သည်

みんなで　協力(きょうりょく)しましょう。
Let's all work together. / 我们大家齐心协力吧。
Mọi người cùng hợp tác nào.
ทุกคนมาร่วมมือกันเถอะครับ/ค่ะ
Mari kita semua bekerja sama.
အားလုံးပူးပေါင်းဆောင်ရွက်ကြရအောင်။

□ 106	ちーむわーく **チームワーク** chīmuwāku	teamwork	团队合作
		làm việc nhóm	ทีมเวิร์ก
		kerja tim	teamwork

作業(さぎょう)は　チームワークが　大切(たいせつ)です。
Teamwork is essential on the job. / 工作中团队合作很重要。
Làm việc nhóm rất quan trọng trong công việc.
ในการทำงาน ทีมเวิร์คเป็นสิ่งสำคัญครับ/ค่ะ
Kerja tim penting untuk pekerjaan.
လုပ်ငန်းတွင် team work သည်အရေးကြီးပါသည်။

□ 107	ひょうか **評価** (する) hyōka	evaluate	[进行] 评价
		đánh giá	ประเมิน
		menilai	အကဲဖြတ်သည်

品質管理(ひんしつかんり)の　人(ひと)が　製品(せいひん)を　評価(ひょうか)します。
Quality control staff evaluate the products. / 质量管理的人评价产品。
Người quản lý chất lượng sẽ thực hiện đánh giá sản phẩm.
คนของฝ่ายควบคุมคุณภาพเป็นผู้ประเมินผลิตภัณฑ์ครับ/ค่ะ
Orang manajemen mutu akan menilai produk.
ကုန်ပစ္စည်းအရည်အသွေးကြီးကြပ်သူသည် ထုတ်ကုန်ကိုအကဲဖြတ်ပါသည်။

ユニット 15

けんしゅう 研修

Training	培训
Đào tạo	การฝึกอบรม
Pelatihan	လေ့ကျင့်ရေး

□ 108	けんしゅう 研修 (する) kenshū	conduct/undertake a training	[进行／参加] 培训
		đào tạo	ฝึกอบรม
		menjalani pelatihan	လေ့ကျင့်ရေး ပြုလုပ်သည်

日本で　3月まで　研修します。
I will be trained in Japan through March. / 在日本研修到 3 月。
Tôi tham gia đào tạo tại Nhật cho đến tháng 3.
ฝึกอบรมที่ญี่ปุ่นถึงเดือนมีนาคมครับ/ค่ะ
Saya akan menjalani pelatihan di Jepang hingga Maret.
ဂျပန်တွင် 3လပိုင်းအထိ လေ့ကျင့်ရေးပြုလုပ်ပါမည်။

□ 109	じっしゅう 実習 (する) jisshū	have practical training	[进行] 实习
		thực tập	ฝึกงาน
		magang	လက်တွေ့သင်ယူသည်

ABC 工場で　実習して　います。
I am being trained at the ABC factory. / 我在 ABC 工厂实习。
Tôi đang thực tập tại nhà máy ABC.
กำลังฝึกงานอยู่ที่โรงงาน ABC ครับ/ค่ะ
Saya magang di pabrik ABC.
ABC စက်ရုံတွင် လက်တွေ့သင်ယူနေပါသည်။

□ 110	けんがく 見学 (する) kengaku	visit a place to study it	参观学习
		tham quan	ดูงาน / ศึกษาดูงาน
		melakukan studi tur	လေ့လာခြင်း

今日は　第一工場を　見学しましょう。
Let's tour Plant No. 1 today. / 今天参观第一工厂吧。
Hôm nay chúng ta sẽ cùng tham quan nhà máy số 1.
วันนี้จะไปดูงานที่โรงงาน 1 กันนะครับ/คะ
Mari melakukan studi tur di pabrik I hari ini.
ယနေ့ စက်ရုံအမှတ်၁ကို လေ့လာကြရအောင်။

111	にっぽう **日報** nippō	daily report	日报
		báo cáo hằng ngày	รายงานประจำวัน
		laporan harian	နေ့စဥ်အစီရင်ခံစာ

帰(かえ)る　前(まえ)に　日報(にっぽう)を　書(か)いて　ください。

Please write a daily report before you leave. / 回家之前请写日报。

Hãy viết báo cáo hằng ngày trước khi về.

ก่อนกลับกรุณาเขียนรายงานประจำวันด้วยครับ/ค่ะ

Tulislah laporan harian sebelum Anda pulang.

မပြန်ခင် နေ့စဥ်အစီရင်ခံစာကို ရေးပါ။

112	しゅうほう **週報** shūhō	weekly report	周报
		báo cáo hàng tuần	รายงานประจำสัปดาห์
		laporan mingguan	အပတ်စဥ်အစီရင်ခံစာ

週報(しゅうほう)は　日本語(にほんご)で　書(か)いて　ください。

Please write the weekly report in Japanese. / 请用日语写周报。

Hãy viết báo cáo hằng tuần bằng tiếng Nhật.

กรุณาเขียนรายงานประจำสัปดาห์ เป็นภาษาญี่ปุ่นด้วยนะครับ/คะ

Tulislah laporan mingguan dalam bahasa Jepang.

အပတ်စဥ်အစီရင်ခံစာကို ဂျပန်စာဖြင့် ရေးပါ။

113	げっぽう **月報** geppō	monthly report	月报
		báo cáo hàng tháng	รายงานประจำเดือน
		laporan bulanan	လစဥ် အစီရင်ခံစာ

課長(かちょう)に　月報(げっぽう)を　出(だ)して　ください。

Please submit the monthly report to the section manager. / 请向科长提交月报。

Hãy nộp báo cáo hằng tháng cho trưởng phòng.

กรุณาส่งรายงานประจำเดือนให้ผู้จัดการฝ่ายด้วยครับ/ค่ะ

Kirimlah laporan bulanan ke manajer divisi.

ဌာနမှူးထံသို့ လစဥ်အစီရင်ခံစာကို တင်ပြပါ။

114	ほうこくしょ **報告書** hōkokusho	report	报告书
		bản báo cáo	ใบรายงาน
		laporan	အစီရင်ခံစာ

検査(けんさ)の　報告書(ほうこくしょ)を　読(よ)みます。

I will read the inspection report. / 阅读检查报告书。

Tôi đọc bản báo cáo kiểm tra.

อ่านใบรายงานการตรวจสอบครับ/ค่ะ

Membaca laporan inspeksi.

စစ်ဆေးမှုအစီရင်ခံစာကို ဖတ်ပါမည်။

☐ 115	まにゅある **マニュアル** manyuaru	manuals	使用指南／手册
		tài liệu hướng dẫn	คู่มือ
		manual	လက်စွဲစာအုပ်

マニュアルを　見(み)ても　いいですか。
May I look at the manual? / 我可以看操作手册吗?
Tôi có thể xem tài liệu hướng dẫn được không?
ขอดูคู่มือได้ไหมครับ/คะ
Bolehkah saya melihat manual?
လက်စွဲစာအုပ် ကို ကြည့်လို့ရပါသလား။

☐ 116	るーる **ルール** rūru	rules	规则
		quy tắc	กฎ
		aturan	စည်းကမ်း

ルールを　守(まも)らなければ　なりません。
You must follow the rules. / 必须遵守规则。
Bạn phải tuân thủ các quy tắc.
ต้องปฏิบัติตามกฎครับ/ค่ะ
Anda harus mematuhi aturan.
စည်းကမ်းများကို မလိုက်နာ၍မရပါ။

ユニット 16

書類（しょるい）

Documents	文件
Văn bản	เอกสาร
Dokumen	စာရွက်စာတမ်း

117	しょるい **書類** shorui	documents	文件
		văn bản	เอกสาร
		dokumen	စာရွက်စာတမ်း

書類（しょるい）を　コピーしても　いいですか。
May I copy this document? / 我可以复印文件吗?
Tôi có thể photo văn bản này được không?
ขอถ่ายสำเนาเอกสารนี้ได้ไหมครับ/คะ
Bolehkah saya memfotokopi dokumen?
စာရွက်စာတမ်းများကို မိတ္တူကူးလို့ရပါသလား။

118	しりょう **資料** shiryō	materials/data	资料
		tài liệu	เอกสารข้อมูล
		materi/data	အချက်အလက်များ

もう　資料（しりょう）は　作（つく）りましたか。
Have you prepared the materials yet? / 资料已经做好了吗?
Bạn đã soạn xong tài liệu chưa?
ทำเอกสารข้อมูลเสร็จแล้วหรือยังครับ/คะ
Apakah Anda sudah membuat materi?
အချက်အလက်များကို ပြုလုပ်ပြီးသွားပြီလား။

119	しよう／しようしょ **仕様／仕様書** shiyō/shiyōsho	specification	规格／规格说明书
		thông số kỹ thuật/ bản thông số kỹ thuật	สเปก/ใบสเปก
		spesifikasi	အသေးစိတ်ဖော်ပြချက်/ အသေးစိတ်ဖော်ပြလွှာ

仕様（しよう）を　確認（かくにん）してから　作（つく）ります。
We will make the product after checking the specifications. / 确认规格后再做。
Chúng tôi thực hiện sau khi kiểm tra các thông số kỹ thuật.
จะทำหลังตรวจสอบยืนยันสเปคแล้วครับ/ค่ะ
Membuat setelah memastikan spesifikasinya.
အသေးစိတ်ဖော်ပြချက်များကိုစစ်ဆေးပြီးနောက်မှပြုလုပ်ပါမည်။

□ 120	ずめん **図面** zumen	(technical) drawing	图纸
		bản vẽ	แบบงาน
		gambar teknik	ဒီဇိုင်းပုံကြမ်း

よく　図面(ずめん)を　読(よ)んで（見(み)て）　ください。
Please look at the drawings closely. / 请仔细看图纸。
Hãy xem kỹ bản vẽ.
กรุณาดูแบบงานให้ดี ๆนะครับ/คะ
Lihatlah gambar tekniknya dengan cermat.
ဒီဇိုင်းပုံကြမ်းကို သေချာကြည့်ပါ။

□ 121	みつもりしょ **見積書** mitsumorisho	quotation	报价单
		báo giá	ใบเสนอราคา
		surat penawaran	ခန့်မှန်းငွေစာရင်း

見積書(みつもりしょ)を　お客様(きゃくさま)に　送(おく)りましたか。
Did you send the quotation to the customer? / 把报价单发给客人了吗?
Bạn đã gửi bảng báo giá cho khách hàng chưa?
ส่งใบเสนอราคาให้กับลูกค้าหรือยังครับ/คะ
Apakah Anda sudah mengirimkan surat penawaran ke pelanggan?
ခန့်မှန်းငွေစာရင်းကို customerထံသို့ ပို့ပြီးသွားပြီလား။

□ 122	せいきゅうしょ **請求書** seikyūsho	bill	请款单
		hóa đơn thanh toán	ใบแจ้งหนี้
		surat tagihan	ငွေတောင်းခံစာ

いつ　請求書(せいきゅうしょ)を　もらいましたか。
When did you receive the bill? / 你什么时候拿到账单的?
Bạn đã nhận được hóa đơn thanh toán khi nào?
ได้รับใบแจ้งหนี้เมื่อไหร่ครับ/คะ
Kapan Anda menerima surat tagihan?
ဘယ်အချိန်မှာ ငွေတောင်းခံစာကို ရခဲ့ပါသလဲ။

□ 123	りょうしゅうしょ **領収書** ryōshūsho	receipt	收据
		biên lai	ใบเสร็จรับเงิน
		kuitansi	ငွေလက်ခံဖြတ်ပိုင်း

すみません。領収書(りょうしゅうしょ)を　ください。
Excuse me. May I have a receipt? / 对不起。请给我收据。
Xin lỗi. Hãy đưa biên lai cho tôi.
ขอโทษครับ/ค่ะ ขอใบเสร็จรับเงินด้วยครับ/ค่ะ
Maaf. Minta kuitansi.
တစ်ဆိတ်လောက် ငွေလက်ခံဖြတ်ပိုင်းပေးပါ။

□ 124	めいさいしょ **明細書** meisaisho	detailed statement	明细单
		hóa đơn chi tiết	ใบแจงรายละเอียด
		slip perincian	အသေးစိတ်စာရင်း

すみませんが、明細書(めいさいしょ)も　ください。

Excuse me, but may I also have a detailed statement? / 对不起，还请给我明细单。

Xin lỗi, hãy đưa cho tôi cả hóa đơn chi tiết nữa.

ขอโทษครับ/ค่ะ ขอใบแจงรายละเอียดด้วยครับ/ค่ะ

Maaf. Minta slip perincian juga.

အားနာပေမယ့် ငွေအသေးစိတ်စာရင်းကိုလည်း ပေးပါ။

ユニット 17

うりあげ 売上

Sales	营业额
Doanh thu	ยอดขาย
Penjualan	ရောင်းအား

□ 125	おきゃくさま **お客様** okyakusama	customer	顾客
		khách hàng	ลูกค้า
		pelanggan	ဝယ်ယူသုံးစွဲသူ

お客様(きゃくさま)から　クレームが　ありました。
We have received a complaint from a customer. / 收到了顾客的投诉。
Đã có khiếu nại từ khách hàng.
มีการร้องเรียนจากลูกค้าครับ/คะ
Ada klaim dari pelanggan.
ဝယ်ယူသုံးစွဲသူထံမှ complain ရှိခဲ့ပါသည်။

□ 126	うりあげ **売上** uriage	sales	营业额
		doanh thu	ยอดขาย
		penjualan	ရောင်းအား

今月(こんげつ)の　売上(うりあげ)を　報告(ほうこく)しました。
We have reported this month's sales. / 报告了这个月的销售额。
Chúng tôi đã báo cáo doanh thu của tháng này.
รายงานยอดขายของเดือนนี้แล้วครับ/ค่ะ
Saya sudah melaporkan penjualan bulan ini.
ယခုလ၏ ရောင်းအားကို အစီရင်ခံခဲ့ပါသည်။

□ 127	りえき **利益** rieki	profit	利益
		lợi nhuận	กำไร
		laba	အမြတ်

先月(せんげつ)の　利益(りえき)は　どのくらいですか。
How much was last month's profit? / 上个月的利润是多少?
Lợi nhuận tháng trước là bao nhiêu?
เดือนที่แล้วกำไรประมาณเท่าไหร่หรือครับ/คะ
Berapa laba bulan lalu?
ယခင်လ၏ အမြတ်သည် မည်မျှရှိပါသနည်း။

□ 128	こすと **コスト** kosuto	cost/expense	成本
		chi phí	ต้นทุน/ค่าใช้จ่าย
		biaya	ကုန်ကျစရိတ်

どのくらい　コストが　かかりますか。
Roughly how much will it cost? / 需要多少成本?
Chi phí tốn khoảng bao nhiêu ạ?
เสียค่าใช้จ่ายต้นทุนประมาณเท่าไหร่ครับ/คะ
Kira-kira makan biaya berapa?
ကုန်ကျစရိတ် မည်မျှ ရှိမည်နည်း။

□ 129	けいひ **経費** keihi	cost/expense	经费
		kinh phí	ค่าใช้จ่าย
		biaya operasional	ကုန်ကျစရိတ်

先月（せんげつ）は　経費（けいひ）が　たくさん　かかりました。
Last month's expenses were high. / 上个月花了很多经费。
Tháng trước tốn quá nhiều kinh phí.
เดือนที่แล้วเสียค่าใช้จ่ายไปมากเลยครับ/ค่ะ
Bulan lalu makan banyak biaya operasional.
ယခင်လတွင် ကုန်ကျစရိတ်များ များစွာ ကုန်ကျခဲ့ပါသည်။

□ 130	かかく **価格** kakaku	price	价格
		giá	ราคา
		harga	ဈေးနှုန်းတန်ဖိုး

この　材料（ざいりょう）の　価格（かかく）は　いくらですか。
What is the price of this material? / 这个材料的价格是多少?
Giá của vật liệu này là bao nhiêu?
วัตถุดิบนี้ราคาเท่าไหร่ครับ/คะ
Berapa harga bahan baku ini?
ဤကုန်ကြမ်း၏ ဈေးနှုန်းတန်ဖိုးသည် မည်မျှနည်း။

ユニット 18

品質管理（ひんしつかんり）

Quality control	品质管理
Quản lý chất lượng	การควบคุมคุณภาพ
Manajemen Mutu	ကုန်ပစ္စည်းအရည်အသွေး စီမံခန့်ခွဲခြင်း

□ 131	かんり **管理** (する) kanri	control	管理
		quản lý	จัดการ/บริหาร/ควบคุม
		mengelola	စီမံခန့်ခွဲရန်

倉庫（そうこ）で　在庫（ざいこ）を　管理（かんり）して　います。
We control stock in the warehouse. / 我在仓库管理库存。
Chúng tôi quản lý hàng tồn kho.
กำลังจัดการสต๊อกอยู่ที่โกดังครับ/ค่ะ
Kami mengelola stok di gudang.
ဂိုဒေါင်တွင် လက်ကျန်ပစ္စည်းများကို စီမံခန့်ခွဲနေပါသည်။

□ 132	ひんしつかんり **品質管理** hinshitsu-kanri　→ p.91	quality control	品质管理
		quản lý chất lượng	การควบคุมคุณภาพ
		manajemen mutu	ကုန်ပစ္စည်းအရည်အသွေး စီမံခန့်ခွဲခြင်း

私（わたし）の　仕事（しごと）は　品質管理（ひんしつかんり）です。
I work in quality control. / 我的工作是质量管理。
Công việc của tôi là quản lý chất lượng.
งานของผม/ดิฉันคือการควบคุมคุณภาพครับ/ค่ะ
Pekerjaan saya adalah manajemen mutu.
ကျွန်တော်၏ အလုပ်သည် ကုန်ပစ္စည်းအရည်အသွေးစီမံခန့်ခွဲခြင်း ဖြစ်ပါသည်။

買（か）い手（て）の要求（ようきゅう）に応（こた）え得（う）る品質（ひんしつ）を提供（ていきょう）するための、製品（せいひん）やサービスの向上（こうじょう）を図（はか）る一連（いちれん）の活動（かつどう）。
The series of activities intended to improve products and services in order to deliver quality capable of satisfying buyers' requirements.
为了提供能满足买方要求的质量，谋求提高产品和服务的一系列活动。
Đây là chuỗi hoạt động nhằm cải thiện sản phẩm và dịch vụ để mang đến chất lượng có thể đáp ứng yêu cầu của người mua hàng.
ขั้นตอนการดำเนินงานในการวางแผนพัฒนาผลิตภัณฑ์หรือบริการ เพื่อนำเสนอคุณภาพสินค้าที่ตอบโจทย์ความต้องการของผู้ซื้อได้
Serangkaian aktivitas untuk meningkatkan produk maupun jasa agar dapat memberikan mutu yang dapat memenuhi permintaan pembeli.
ဝယ်သူ၏ တောင်းဆိုမှုနှင့် ကိုက်ညီသော အရည်အသွေးကို ပေးနိုင်ရန် ထုတ်ကုန်နှင့် ဝန်ဆောင်မှုကို တိုးတက်ရန် စီမံရမည့် လုပ်ဆောင်ချက်များ။

133	ひんしつほしょう **品質保証** hinshitsu-hoshō	quality assurance	品质保证
		đảm bảo chất lượng	การประกันคุณภาพ
		jaminan mutu	ကုန်ပစ္စည်းအရည်အသွေး အာမခံချက်

品質保証の　仕事が　したいです。

I would like to work in quality assurance. / 我想做质量保证的工作。

Tôi muốn làm công việc đảm bảo chất lượng.

อยากทำงานด้านการรับประกันคุณภาพสินค้าครับ/ค่ะ

Saya ingin melakukan pekerjaan jaminan mutu.

ကုန်ပစ္စည်းအရည်အသွေးအာမခံအလုပ်ကို လုပ်ချင်ပါတယ်။

製品やサービスが買い手の要求する品質を満たしていることを保証する一連の活動。

The series of activities intended to guarantee that products and services satisfy buyers' required quality.

确保产品和服务满足买方要求的质量的一系列活动。

Đây là chuỗi hoạt động bảo đảm các sản phẩm và dịch vụ thỏa mãn yêu cầu về chất lượng của người mua.

ขั้นตอนการดำเนินงานในการรับประกันความพึงพอใจในคุณภาพของสินค้าหรือบริการที่ลูกค้าต้องการ

Serangkaian aktivitas untuk menjamin bahwa mutu produk maupun jasa telah memenuhi permintaan pembeli.

ထုတ်ကုန်နှင့် ဝန်ဆောင်မှုကို ဝယ်သူ၏ တောင်းဆိုမှုနှင့် ကိုက်ညီသော အရည်အသွေး ပြည့်မှီနေသည်ကို အာမခံနိုင်သော ဆက်လက် လုပ်ဆောင်ချက်များ။

134	かいぜん **カイゼン** kaizen

作業効率や安全性の向上のために、現場から主体的に作業方法を見直す活動。

Activities to actively review work methods from the workplace, in order to improve work efficiency, safety, etc.

为了提高作业效率和安全性，由现场主导的重新审视作业方法的活动。

Đây là hoạt động chủ động xem xét lại phương pháp làm việc từ hiện trường để cải thiện hiệu suất làm việc và tính an toàn.

กิจกรรมเพื่อการปรับปรุงแก้ไขวิธีการทำงานที่หน้างานจริงโดยการคิดและทำกันเอง เพื่อเพิ่มประสิทธิภาพหรือความปลอดภัยของการทำงาน

Aktivitas perbaikan cara kerja secara mandiri dari lapangan agar dapat meningkatkan efisiensi kerja maupun keselamatan.

လုပ်ငန်းတွင်း ထိရောက်မှုနှင့် လုံခြုံစိတ်ချရမှုများ တိုးတက်လာ ရန်အတွက် လုပ်ငန်းခွင်ရှိ လုပ်ပုံနည်းလမ်းများအား လွတ်လပ်စွာ ပြန်လည်သုံးသပ်ရန် လုပ်ဆောင်ချက်များ။

135	せいさんせい **生産性** seisansei	productivity	生产率
		năng suất	ผลิตภาพ
		produktivitas	ကုန်ထုတ်စွမ်းအား

作業は　生産性が　大切です。

Productivity is important to work. / 工作的生产效率很重要。

Năng suất rất quan trọng đối với công việc.

ในการทำงาน ผลิตภาพเป็นสิ่งสำคัญครับ/ค่ะ

Produktivitas penting dalam pekerjaan.

လုပ်ငန်းတွင် ထုတ်လုပ်နိုင်မှုအား သည် အရေးကြီးသည်။

生産性＝生産出来高÷生産資源（労働力、原材料、設備、エネルギーなど）

Productivity = Production output ÷ production inputs (labor, raw materials, equipment, energy, etc.)

生产率 ＝ 产量 ÷ 生产资源（劳动力、原材料、设备、能源等）

Năng suất = Sản lượng sản xuất ÷ tài nguyên sản xuất (lực lượng lao động, nguyên liệu thô, thiết bị, năng lượng, v.v...)

ผลิตภาพ = ผลิตผล ÷ ทรัพยากรในการผลิต (แรงงาน, วัตถุดิบ, อุปกรณ์, พลังงาน เป็นต้น)

Produktivitas = volume produksi ÷ sumber daya produksi (tenaga kerja, bahan baku, fasilitas, energi, dan lain-lain).

ကုန်ထုတ်စွမ်းအား = ထုတ်လုပ်ခဲ့သည့်အရေအတွက် ÷ ထုတ်လုပ်မှုအရင်းအမြစ်များ (လုပ်သားအင်အား၊ ကုန်ကြမ်း၊ စက်ရုံအဆောက်အဦ၊ စွမ်းအင် စသည်)

136	ひょうじゅんか **標準化** する hyōjunka	standardize	标准化
		tiêu chuẩn hóa	สร้างมาตรฐาน/ ทำให้เป็นมาตรฐาน
		standarisasi	စံသတ်မှတ်ခြင်း

作業を　標準化したいです。

I want to standardize the work. / 想把作业标准化。

Tôi muốn tiêu chuẩn hóa công việc.

อยากสร้างมาตรฐานในการทำงานครับ/ค่ะ

Ingin menstandardisasi pekerjaan.

လုပ်ငန်းအား စံစနစ်သတ်မှတ်ချင်ပါသည်။

作業の効率化や、ばらつきをなくすために、材料や作業手順などに関して標準・規格を設定し統一すること。

To set and integrate standards and norms related to materials, work procedures, etc. for purposes such as improving work efficiency and eliminating variation.

为了提高作业效率和消除偏差，设定材料和作业步骤等的标准及规格来统一。

Đây là việc thiết lập và thống nhất các tiêu chuẩn, quy cách về nguyên liệu và trình tự làm việc để nâng cao hiệu suất làm việc và loại bỏ sự chênh lệch.

การกำหนดมาตรฐาน·เกณฑ์เกี่ยวกับวัสดุและขั้นตอนการทำงานให้เป็นหนึ่งเดียว เพื่อให้การทำงานมีประสิทธิภาพหรือทำให้ความแตกต่างหายไป

Menyeragamkan dengan menetapkan standar/spesifikasi terkait bahan baku maupun prosedur kerja untuk efisiensi kerja dan menghilangkan variabilitas.

လုပ်ငန်းတွင် မလိုအပ်သော လုပ်ငန်းစဉ်များနှင့် မတူညီကွဲပြားနေမှုများ ပျောက်ကွယ်သွားရန် ကုန်ကြမ်း၊ လုပ်ငန်းလုပ်ထုံးများနှင့် စပ်လျဉ်း၍ စံနှုန်း၊ စံချိန်စံညွှန်းများကို ဖန်တီးပြီး တူညီအောင် လုပ်ခြင်း။

パート２　分野別語彙　建設・設備

Part 2　Sectoral Vocabulary　Construction and Facilities
第 2 部分　各领域词汇　建筑施工・设备
Phần 2　Từ vựng theo lĩnh vực　Ngành xây dựng/thiết bị
ส่วนที่ 2　คำศัพท์เฉพาะสาขา　ก่อสร้าง·อุปกรณ์
Bagian 2　Kosakata Tiap Bidang　Konstruksi dan Fasilitas
အပိုင်း 2　ကဏ္ဍအလိုက်ဝေါဟာရများ　တည်ဆောက်ခြင်း၊စက်ပစ္စည်းကိရိယာများ/Facility

ユニット 1

一般（いっぱん）

General / 一般

Tổng hợp / ทั่วไป

Kosakata Umum / အထွေထွေ

□ 137	こうじ **工事** (する) kōji	construct	施工
		thi công công trình	ก่อสร้าง
		melaksanakan konstruksi	ဆောက်လုပ်ရေး လုပ်ဆောင်သည်

ここは　工事中（こうじちゅう）ですから、入（はい）る　ことが　できません。

This area is off limits due to construction. / 这里正在施工，无法进入。

Nơi này đang thi công công trình nên không thể vào.

ที่นี่อยู่ระหว่างก่อสร้าง จึงไม่สามารถเข้าไปได้

Anda tidak bisa memasuki area ini karena sedang ada pekerjaan konstruksi.

ဤနေရာတွင် ဆောက်လုပ်ရေးလုပ်ဆောင်နေဆဲဖြစ်၍၊ ဝင်၍မရပါ။

□ 138	せこう **施工** (する) sekō	construct	施工
		thi công	ลงมือก่อสร้าง
		melaksanakan konstruksi	အကောင်အထည် ဖော်သည်

施工（せこう）は　来年（らいねん）の　3月（がつ）からです。

Construction will start in March of next year. / 施工从明年 3 月开始。

Từ tháng 3 năm sau thi công.

การลงมือก่อสร้างจะเริ่มขึ้นในเดือนมีนาคมปีหน้า

Pekerjaan konstruksi mulai dilaksanakan pada bulan Maret tahun depan.

အကောင်အထည်ဖော်ခြင်းမှာ နောက်နှစ် မတ်လမှစမည်။

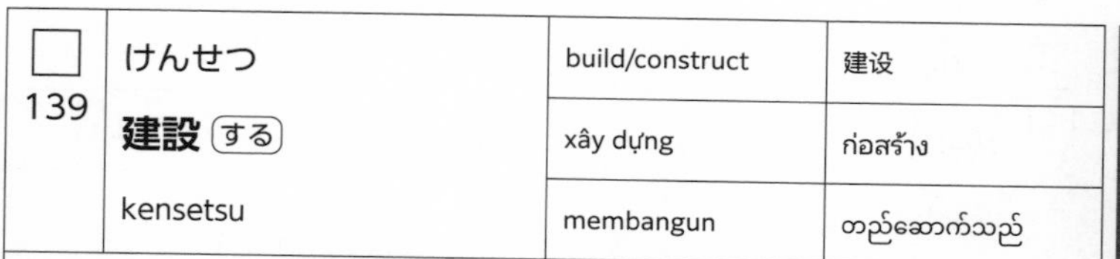

139	けんせつ **建設** (する) kensetsu	build/construct	建设
		xây dựng	ก่อสร้าง
		membangun	တည်ဆောက်သည်

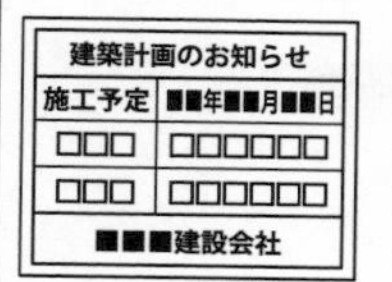

建築計画のお知らせ

Notice of Construction Plan / 建筑方案通知

Thông báo về kế hoạch xây dựng / ประกาศเรื่องแผนการก่อสร้าง

Pemberitahuan rencana pembangunan bangunan

ဆောက်လုပ်ရေးစီမံကိန်းအသိပေးချက်

施工予定

Construction Schedule / 施工日期

Kế hoạch thi công / กำหนดการของงานก่อสร้าง

Jadwal pelaksanaan kontruksi / ဆောက်လုပ်မည့်အချိန်ဇယား

～建設会社

~ Construction Company / ～建筑公司

Công ty xây dựng ~ / บริษัทรับเหมาก่อสร้าง

Perusahaan konstruksi ~ / ~တည်ဆောက်ရေးကုမ္ပဏီ

140	けんちく **建築** (する) kenchiku	build/construct	建造
		xây	ปลูกสร้าง
		membangun bangunan	ဆောက်လုပ်သည်

「建設」と「建築」はよく似たことばですが、「建築」は建物をつくることです。「建設」は建物以外に、土木や電気・水道などの設備をつくることも含まれます。

"建設" and "建築" are very similar. "建築" refers to building or constructing a building, while "建設" refers to building or constructing something other than a building, such as civil engineering work or electrical or plumbing facilities.

"建設" 和 "建築" 是很相似的词，但 "建築" 是建造建筑物。"建設" 除了建筑物以外，还包括修建土木和水电等设备。

"建設" và "建築" là những từ tương tự nhau, nhưng "建築" nghĩa là xây dựng nhà cửa còn. "建設" không chỉ đề cập đến việc xây dựng nhà cửa, mà còn bao gồm cả việc xây dựng các công trình dân dụng và các trang thiết bị như điện, nước, v.v...

"建設" และ "建築" เป็นคำที่คล้ายกันมาก "建築" หมายถึงการสร้างอาคาร แต่ "建設" นอกจากอาคารยังมีความหมายรวมถึงงานโยธาหรือการสร้างอุปกรณ์ด้านไฟฟ้า/ประปาด้วย

"建設" dan "建築" merupakan kosakata yang sangat mirip. "建築" berarti membuat bangunan, sedangkan "建設" mencakup tidak hanya bangunan saja tetapi juga pekerjaan sipil, pembuatan fasilitas seperti listrik, saluran air, dan lain-lain.

"建設" နှင့် "建築" တို့မှာ တော်တော်လေးဆင်သောစကားလုံးများဖြစ်သော်လည်း၊ "建築" မှာအဆောက်အအုံတည်ဆောက်ခြင်းဖြစ်သည်။ "建設" သည် အဆောက်အအုံ အပြင်၊ မြို့ပြအင်ဂျင်နီယာလုပ်ငန်း၊ လျှပ်စစ်၊ ရေပိုက်လိုင်းတို့၏ ကိရိယာများကိုဖန်တီးခြင်းများပါဝင်သည်။

□ 141	げんば **現場** genba	site	现场
		hiện trường	หน้างาน/ไซต์งาน
		lapangan	လုပ်ငန်းခွင်

今日(きょう)の　現場(げんば)の　図面(ずめん)を　見(み)て　ください。
Please have a look at the construction plan for today's site. / 请看今天现场的设计图。
Hãy nhìn vào bản vẽ hiện trường ngày hôm nay.
กรุณาดูแผนผังไซต์งานในวันนี้
Silakan lihat gambar lapangan hari ini.
ယနေ့ လုပ်ငန်းခွင်၏ စီမံချက်ပုံကြမ်း ကို ကြည့်ပါ။

□ 142	けんせつげんば **建設現場** kensetsu-genba	construction site	建设现场
		hiện trường xây dựng	ไซต์งานก่อสร้าง
		lokasi pembangunan	တည်ဆောက်ရေး လုပ်ငန်းခွင်

日本(にほん)の　建設現場(けんせつげんば)で　働(はたら)いて　います。
I work on a construction site in Japan. / 我在日本的建设现场工作。
Tôi đang làm việc tại hiện trường xây dựng ở Nhật bản.
ทำงานที่ไซต์งานก่อสร้างของญี่ปุ่น
Saya bekerja di lokasi pembangunan di Jepang.
ဂျပန်နိုင်ငံ၏ တည်ဆောက်ရေး လုပ်ငန်းခွင်တွင် အလုပ်လုပ်နေပါသည်။

□ 143	こうじげんば **工事現場** kōji-genba	construction site	工程现场
		hiện trường thi công công trình	ไซต์งานก่อสร้าง
		lokasi konstruksi	ဆောက်လုပ်ရေး လုပ်ငန်းနေရာ

□ 144	つめしょ **詰所** tsumesho	station	休息站
		văn phòng tạm	สำนักงานเฉพาะกาล สำนักงานชั่วคราว
		pos	လုပ်ငန်းမစမီ စောင့်ဆိုင်းနေရာ

□ 145	ぶっけん **物件** bukken	property	房地产
		nhà đất	อสังหาริมทรัพย์
		objek	ဆောက်လုပ်ထားသည့် အရာ

146	こうぞう **構造** kōzō	structure	结构
		kết cấu	โครงสร้าง
		struktur	ဖွဲ့စည်းမှုပုံစံ

この　ビルは　地震(じしん)に　強(つよ)い　構造(こうぞう)です。
This building has a structure resistant to earthquakes. / 这座大楼是抗震的结构。
Tòa nhà này có kết cấu chống động đất.
อาคารนี้มีโครงสร้างที่ทนทานต่อแผ่นดินไหว
Gedung ini memiliki struktur yang kuat terhadap gempa bumi.
ဤအဆောက်အအုံသည် ငလျင်ဒဏ်ခံနိုင်သော ဖွဲ့စည်းမှုပုံစံဖြစ်သည်။

147	じばん **地盤** jiban	foundation	地盘
		nền đất	พื้นดิน
		tanah	မြေသား

ここは　地盤(じばん)が　固(かた)いです。
These foundations are solid. / 这里地盘很硬。
Nền đất ở đây chắc chắn.
ที่นี่มีพื้นดินแข็ง
Tanah di sini keras.
ဤနေရာရှိ မြေသားမှာမာကျောသည်။

148	きそ **基礎** kiso	substructure	地基
		móng	พื้นฐาน
		fondasi	အုတ်မြစ်ချခြင်း

来月(らいげつ)まで　基礎工事(きそこうじ)を　します。
We will work on the substructure until next month. / 到下个月为止进行地基工程。
Chúng ta sẽ thi công móng công trình đến tháng sau.
งานก่อสร้างพื้นฐานจะทำไปจนถึงเดือนหน้า
Kita membangun fondasi sampai bulan depan.
နောက်လမတိုင်မီ အုတ်မြစ်ချ ဆောက်လုပ်ရေးကို လုပ်မည်။

149	あしば **足場** ashiba →p.66	scaffolding	脚手架
		giàn giáo	นั่งร้าน
		perancah	ငြမ်း

今日(きょう)は　ここに　足場(あしば)を　組(く)みます。
Assemble the scaffolding here today. / 今天在这里搭脚手架。
Hôm nay, chúng ta sẽ lắp dựng giàn giáo ở đây.
ในวันนี้จะประกอบนั่งร้านกันที่นี่
Hari ini, kita merakit perancah di sini.
ယနေ့ ဤနေရာတွင် ငြမ်းဆင်မည်။

□ 150	ないそう	interior	内装修
	内装	nội thất	การตกแต่งภายใน
	naisō	interior	အိမ်အတွင်းပိုင်း ပြင်ဆင်ခြင်း
□ 151	がいそう	exterior	外装修
	外装	ngoại thất	การตกแต่งภายนอก
	gaisō	eksterior	အိမ်အပြင်ပိုင်း ပြင်ဆင်ခြင်း
□ 152	かんとく	supervise	监工
	監督 (する)	giám sát	ควบคุม/กำกับการ
	kantoku	mengawasi	ကြီးကြပ်ကွပ်ကဲသည်

現場監督(げんばかんとく)の　指示(しじ)を　よく　聞(き)いて　ください。
Listen closely to the site supervisor's instructions. / 请仔细听现场监工的指示。
Hãy nghe kỹ chỉ thị của người giám sát hiện trường.
กรุณาฟังคำแนะนำของผู้ควบคุมไซต์งานให้ดี
Dengarkanlah baik-baik instruksi dari mandor.
လုပ်ငန်းခွင် ကြီးကြပ်ကွပ်ကဲသူ ၏ ညွှန်ကြားချက်ကို သေချာနားထောင်ပါ။

□ 153	かんりしゃ	manager	管理员
	管理者	người quản lý	ผู้ดูแล
	kanrisha	manajer	စီမံသူ/အုပ်ချုပ်ရေးမှူး
□ 154	せいのう	performance	性能
	性能	tính năng	สมรรถภาพ
	seinō	kinerja/performa	စွမ်းဆောင်ရည်
□ 155	ぎょうしゃ	vendor	业者
	業者	doanh nghiệp	ผู้ประกอบการ
	gyōsha	kontraktor	လုပ်ငန်းရှင်
□ 156	もとうけ	original contractor	总承包
	元請け	nhà thầu chính	ผู้รับเหมาหลัก
	motouke	kontraktor utama	မူလကန်ထရိုက်တာ

□ 157	したうけ **下請け** shitauke	subcontractor	分包
		nhà thầu phụ	ผู้รับเหมาช่วงต่อ
		subkontraktor	တစ်ဆင့်ခံ ကန်ထရိုက်တာ

ユニット 2

あんぜん
安全

Safety	安全
An toàn	ความปลอดภัย
Keselamatan	ဘေးကင်းလုံခြုံမှု

□ 158	あんぜんきょういく **安全教育** anzen-kyōiku → p.66	safety education	安全培训
		đào tạo an toàn	การศึกษาด้านความปลอดภัย
		pendidikan keselamatan	ဘေးအန္တရာယ်ကင်းရေးပညာပေး
□ 159	あぶない **危ない** abunai → p.67	dangerous	危险
		nguy hiểm	อันตราย
		bahaya	အန္တရာယ်ရှိသည်

危(あぶ)ない！　よく　前(まえ)を　見(み)て！

Be careful! Watch where you're going! / 危险！　注意看前面！

Nguy hiểm! Hãy nhìn kỹ phía trước!

อันตราย ! มองข้างหน้าให้ดี !

Awas! Lihat baik-baik ke depan!

အန္တရာယ်ရှိတယ်! ရှေ့ကိုသေချာကြည့်ပါ!

□ 160	ちゅうい **注意** (する) chūi → p.67	be careful/caution	注意／警告
		chú ý	ระวัง
		berhati-hati/memperingatkan	သတိထားသည် သတိထားသည်။/ သတိပေးသည်။

危(あぶ)ない！　ちゃんと　注意(ちゅうい)して！

That's dangerous! Be careful! / 危险！　请务必注意！

Nguy hiểm! Hãy chú ý cẩn thận!

อันตราย ! ระวังด้วย !

Awas! Hati-hatilah!

အန္တရာယ်ရှိတယ်! သေချာလေး သတိထားပါ!

□ 161	へるめっと **ヘルメット** herumetto → p.65, 67	helmet	安全帽
		mũ bảo hộ	หมวกนิรภัย
		helm	လုပ်ငန်းခွင်သုံး ဦးထုပ်

ヘルメットを　かぶって　中(なか)に　入(はい)りましょう。
Put on your helmet before entering. / 进入时必须戴安全帽。
Hãy đội mũ bảo hộ khi đi vào trong.
กรุณาสวมหมวกนิรภัยก่อนเข้าไปข้างใน
Masuklah ke dalam dengan memakai helm.
လုပ်ငန်းခွင်သုံး ဦးထုပ်ကိုဆောင်းပြီး အထဲကိုဝင်ကြပါ။

□ 162	あごひも **あご紐** agohimo → p.65	chinstrap	颚带
		quai mũ	สายรัดคาง
		tali dagu	မေးသိုင်းကြိုး

ちゃんと　あご紐(ひも)を　して　ください。
Fasten the chinstrap securely. / 请务必系好颚带。
Hãy cài quai mũ đúng cách.
กรุณารัดสายรัดคางให้ดี
Pakailah tali dagu secara benar.
မေးသိုင်းကြိုး သေချာတပ်ပါ။

□ 163	ぼうごめがね **防護めがね** bōgo-megane → p.65	safety goggles	防护眼镜
		kính bảo hộ	แว่นตานิรภัย
		kacamata pelindung	အကာအကွယ် မျက်မှန်

この　作業(さぎょう)は　防護(ぼうご)めがねを　かけて　します。
Wear safety goggles for this work. / 这个作业需戴防护眼镜。
Chúng ta sẽ đeo kính bảo hộ khi thực hiện công việc này.
การปฏิบัติงานนี้ต้องสวมแว่นตานิรภัย
Kita melakukan pekerjaan ini dengan memakai kacamata pelindung.
ဒီအလုပ်ကို အကာအကွယ်မျက်မှန် တပ်ပြီးလုပ်ရမယ်။

□ 164	あんぜんたい **安全帯** anzentai → p.65, 67	safety belt	安全带
		dây đai an toàn	เข็มขัดนิรภัย
		tali pengaman	လုံခြုံရေး ကိုယ်သိုင်းကြိုး

足場(あしば)に　安全帯(あんぜんたい)を　かけて　作業(さぎょう)して　ください。
Work with your safety belt attached to the scaffolding. / 请将安全带系在脚手架上后进行作业。
Hãy móc dây đai an toàn vào giàn giáo khi làm việc.
กรุณารัดเข็มขัดนิรภัยกับนั่งร้านก่อนปฏิบัติงาน
Bekerjalah dengan mengaitkan tali pengaman pada perancah.
ငြမ်းမှာ လုံခြုံရေးကိုယ်သိုင်းကြိုးကိုချိတ်ပြီး အလုပ်လုပ်ပါ။

□ 165	あんぜんぐつ **安全靴** anzengutsu → p.65	
	safety shoes	安全鞋
	giày bảo hộ	รองเท้านิรภัย/ รองเท้าเซฟตี้
	sepatu pengaman	လုံခြုံရေးဖိနပ်

安全靴(あんぜんぐつ)を　履(は)いて　作業(さぎょう)します。

Wear safety shoes for this work. / 穿着安全鞋作业。

Chúng ta sẽ mang giày bảo hộ khi làm việc.

สวมรองเท้านิรภัยก่อนปฏิบัติงาน

Kita bekerja dengan memakai sepatu pengaman.

လုံခြုံရေးဖိနပ်ကို စီးပြီး အလုပ်လုပ်ပါ။

□ 166	きけんたいけん **危険体験** kiken-taiken	
	dangerous experience	危险体验
	trải nghiệm nguy hiểm	ประสบการณ์อันตราย
	pengalaman berbahaya	ဘေးအန္တရာယ် အတွေ့အကြုံ

□ 167	きけんよちかつどう／ けーわいかつどう **危険予知活動／KY 活動** kiken-yochi-katsudō/ kēwai-katsudō	
	hazard prediction activities	危险预测活动
	hoạt động dự đoán nguy hiểm	กิจกรรมทำนาย อันตราย
	aktivitas prediksi bahaya	အန္တရာယ်ကြိုတင်ခန့်မှန်း လှုပ်ရှားမှု

□ 168	ゆびさしこしょう **指差呼称** yubisashi-koshō → p.68	
	pointing and calling	指差确认
	chỉ tay gọi tên	มือชี้ปากย้ำ
	tunjuk-sebut	လက်ညှိုးထိုးအသံထွက်အ တည်ပြုခြင်း

指差呼称(ゆびさしこしょう)を　して　安全(あんぜん)を　確認(かくにん)してから　始(はじ)めましょう。

Start by pointing and calling to verify safety. / 指差确认安全后再开始。

Hãy xác nhận an toàn bằng phương pháp chỉ tay gọi tên, sau đó mới bắt đầu công việc.

กรุณาใช้มือชี้ปากย้ำเพื่อตรวจความปลอดภัยก่อนเริ่ม

Mulailah setelah memastikan keselamatan dengan melakukan tunjuk-sebut.

လက်ညှိုးထိုးအသံထွက်အတည်ပြုပြီး လုံခြုံကြောင်းစစ်ဆေးပြီးမှ စကြပါ။

169	さぎょうぎ **作業着** sagyōgi → p.65	work clothes	工作服
		trang phục lao động	ชุดทำงาน
		pakaian kerja	လုပ်ငန်းခွင်ဝတ်စုံ

事務所で　作業着に　着替えて　現場に　行きます。
Change to work clothes in the office before going on site. / 在事务所换上工作服后去现场。
Thay trang phục lao động tại văn phòng rồi đi đến công trường.
เปลี่ยนชุดทำงานที่สำนักงานเฉพาะกาลแล้วไปที่ไซต์งาน
Kita ke lapangan setelah ganti ke pakaian kerja di kantor.
ရုံးခန်းထဲတွင် လုပ်ငန်းခွင်ဝတ်စုံလဲပြီး လုပ်ငန်းနေရာသို့ သွားရပါမည်။

170	てぶくろ **手袋** tebukuro → p.65	gloves	手套
		găng tay	ถุงมือ
		sarung tangan	လက်အိတ်

手袋を　して　作業して　ください。
Wear gloves while you work. / 请戴手套作业。
Hãy đeo găng tay khi làm việc.
กรุณาสวมถุงมือก่อนปฏิบัติงาน
Bekerjalah dengan memakai sarung tangan.
လက်အိတ်ဝတ်ပြီး အလုပ်လုပ်ပါ။

171	ちゃくよう **着用** (する) chakuyō	wear	穿戴／穿着
		đội	สวมใส่
		memakai	ဝတ်ဆင်သည် ဆောင်းသည်

ここでは　ヘルメットを　着用しなければ　なりません。
You must wear a helmet here. / 在这里必须戴安全帽。
Ở đây, bạn phải đội mũ bảo hộ.
ที่นี่ต้องสวมหมวกนิรภัยเสมอ
Di sini, kita harus memakai helm.
ဤနေရာတွင် ဦးထုပ်ဆောင်းရမည်။

172	しょうかき **消火器** shōkaki	fire extinguisher	灭火器
		bình chữa cháy	ถังดับเพลิง
		alat pemadam api	မီးသတ်ဆေးဘူး

173	じしん **地震** jishin	earthquake	地震
		động đất	แผ่นดินไหว
		gempa bumi	မြေငလျင်

174	ねっちゅうしょう **熱中症** netchūshō	heatstroke	中暑
	→ p.68	sốc nhiệt	โรคลมแดด
		sengatan panas	အပူရှပ်ခြင်း

水(みず)を　飲(の)んで　熱中症(ねっちゅうしょう)を　予防(よぼう)して　ください。
Drink water to prevent heatstroke. / 请喝水预防中暑。
Hãy uống nước để ngăn ngừa sốc nhiệt.
กรุณาดื่มน้ำเพื่อป้องกันโรคลมแดด
Minumlah air untuk mencegah sengatan panas.
ရေသောက်ပြီး အပူရှပ်ခြင်းကို ကြိုတင်ကာကွယ်ပါ။

175	よぼう **予防** (する) yobō	prevent	预防
		ngăn ngừa	ป้องกัน
		mencegah	ကြိုတင်ကာကွယ်သည်

安全第一(あんぜんだいいち)で　事故(じこ)や　怪我(けが)を　予防(よぼう)しましょう。
Let's prevent accidents and injuries by putting safety first. / 安全第一，预防事故和受伤。
Hãy ngăn ngừa các tai nạn, thương tích bằng cách đặt an toàn lên hàng đầu.
ช่วยกันป้องกันอุบัติเหตุและการบาดเจ็บ ด้วยหลักการปลอดภัยไว้ก่อนกันเถอะ
Utamakanlah keselamatan untuk mencegah kecelakaan dan cedera.
ဘေးအန္တရာယ်ကင်းရန် အဓိကဖြစ်ပြီး မတော်တဆဖြစ်ခြင်းနှင့် ဒဏ်ရာရခြင်းတို့ကို ကြိုတင်ကာကွယ်ကြရအောင်။

176	ほご **保護** (する) hogo	protect	保护
		bảo vệ	ปกป้อง
		melindungi	ကာရံသည်

作業(さぎょう)の　前(まえ)に　シートで　壁(かべ)を　保護(ほご)します。
Protect the walls with sheets before starting work. / 作业前用防护布保护墙壁。
Bảo vệ tường bằng tấm lót trước khi làm việc.
ปกป้องผนังด้วยแผ่นคลุมก่อนปฏิบัติงาน
Kita melindungi tembok dengan lembaran plastik sebelum memulai kerja.
အလုပ်မစမီ အကာဖြင့် နံရံကို ကာရံပါမည်။

177	えいせい **衛生** eisei	hygiene	卫生
		vệ sinh	สุขอนามัย
		kebersihan	သန့်ရှင်းသပ်ရပ်ခြင်း

178	かんきょう **環境** kankyō	environment	环境
		môi trường	สิ่งแวดล้อม/ สภาพแวดล้อม
		lingkungan	ပတ်ဝန်းကျင်

179	たいさく **対策** taisaku	measures	対策
		biện pháp	การจัดการรับมือ/ มาตรการรับมือ
		langkah-langkah	စီမံချက်

安全対策を　とって　作業して　ください。

Take safety measures while you work. / 请采取安全对策后进行作业。

Hãy thực hiện các biện pháp an toàn khi làm việc.

กรุณาปฏิบัติงานโดยทำตามมาตรการรับมือด้านความปลอดภัย

Bekerjalah dengan mengambil langkah-langkah keselamatan.

ဘေးအန္တရာယ်ကင်းရေး စီမံချက်ဖြင့် အလုပ်လုပ်ပါ။

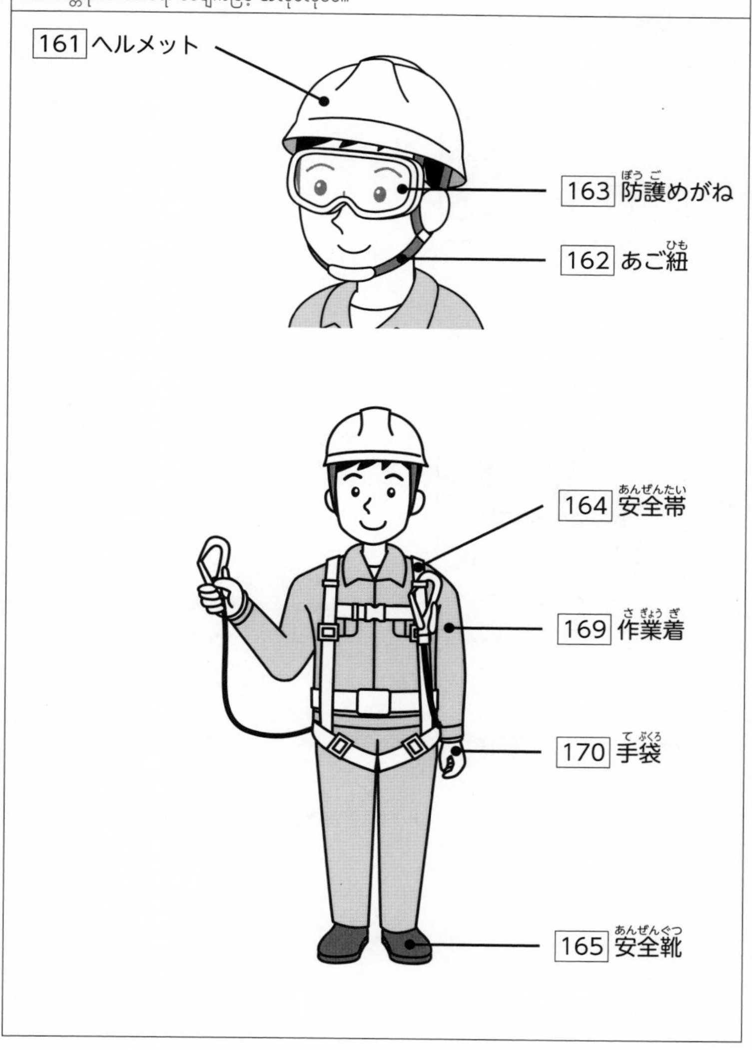

建設現場でよく見る掲示物

Common signs on construction sites / 建设现场常见的告示

Các biển báo thường thấy ở công trường xây dựng

ป้ายที่เห็นบ่อยในพื้นที่ก่อสร้าง

Tanda yang sering terlihat di lokasi konstruksi

ဆောက်လုပ်ရေးလုပ်ငန်းခွင်များတွင် မကြာခဏတွေ့မြင်ရသည့် ကြေငြာသင်ပုန်း

149 足場

足場の上に物を置くな！

Do not place anything on scaffolding!

勿把东西放在脚手架上!

Không để đồ vật lên giàn giáo!

ห้ามวางของบนนั่งร้าน!

Jangan menaruh apa pun di atas perancah!

ငြမ်းပေါ်တွင် ပစ္စည်းများကို မထားပါနှင့်!

158 安全教育

安全第一

危険を伴う現場では、安全が最も重要とされます。頻繁に「安全第一」という標語を見たり、声を掛け合ったりします。

Safety first

On a dangerous construction site, safety is the most important thing. Frequently observe "Safety First" signs and remind each other to put safety first.

安全第一

在有危险的现场，安全是最重要的。在经常看"安全第一"的标语的同时，要互相提示。

An toàn là trên hết

An toàn được xem là điều quan trọng nhất tại các công trường nguy hiểm. Hãy thường xuyên xem và nhắc nhở nhau khẩu hiệu "An toàn là trên hết".

ปลอดภัยไว้ก่อน

ในพื้นที่ปฏิบัติงานที่มีอันตราย ความปลอดภัยเป็นเรื่องที่สำคัญที่สุด ให้มองป้าย "ปลอดภัยไว้ก่อน" และมีการส่งเสียงเพื่อเตือนใจกันบ่อย ๆ

Utamakan Keselamatan

Keselamatan adalah yang terpenting di tempat kerja yang berbahaya. Semboyan "Utamakan Keselamatan" sering terlihat dan pekerja saling mengingatkan.

ဘေးကင်းလုံခြုံမှုသည် ပထမ

အန္တရာယ်ရှိသည့်လုပ်ငန်းခွင်တွင် ဘေးကင်းလုံခြုံမှုသည် အရေးကြီးဆုံးအဖြစ် သတ်မှတ်ထားပါသည်။ မကြာခဏ "ဘေးကင်းလုံခြုံမှုသည် ပထမ" ဟူသော ဆောင်ပုဒ်ကို ကြည့်၍ အသံထွက်ရွတ်ဆိုခြင်းများပြုလုပ်ကြပါသည်။

159 危ない

危険

あぶないから　はいっては　いけません

Danger

Dangerous area. Stay out.

危险

危险！ 切勿进入。

Nguy hiểm

Nguy hiểm! Không được vào.

อันตราย

อันตราย ห้ามเข้าบริเวณนี้

Bahaya

Jangan masuk karena berbahaya.

အန္တရာယ်

အန္တရာယ်ရှိသည့်အတွက်ကြောင့် မဝင်ရ။

160 注意

足元注意

Watch your step

注意脚下

Chú ý bước chân

ระวังสะดุด

Perhatikan Langkah Anda

သတိထားလျှောက်လှမ်းပါ

161 ヘルメット

ヘルメット着用

Wear a helmet / 佩戴安全帽

Đội mũ bảo hộ

สวมหมวกนิรภัย

Gunakan helm

လုပ်ငန်းခွင်သုံး ဦးထုပ် ဆောင်းပါ

164 安全帯

安全帯使用

Use a safety belt / 使用安全带

Sử dụng dây đai an toàn

ใช้เข็มขัดนิรภัย

Gunakan tali pengaman

လုံခြုံရေးကိုယ်သိုင်းကြိုး ပတ်ပါ

168 指差呼称

高所での安全帯の着脱など、危険を伴う作業では、必ず指差呼称をします。対象物を指差し、声を出して安全を確かめます。

Be sure to point and call out during dangerous work such as putting safety belts on and off in high places. Point to the subject and call out to confirm safety.

在高处拆装安全带等，有危险的作业中，务必要指差确认。指向对象物，出声确认安全。

Đảm bảo dùng phương pháp chỉ tay gọi tên khi làm những việc nguy hiểm ở trên cao mà cần phải đeo dây an toàn, v.v... Hãy chỉ tay vào đối tượng và hô lên để xác nhận an toàn.

ต้องใช้มือชี้ปากย้ำเสมอ ในงานที่อาจเกิดอันตรายได้ เช่น การรัดหรือปลดเข็มขัดนิรภัยบนที่สูง ฯลฯ โดยใช้นิ้วชี้ไปที่เป้าหมาย แล้วส่งเสียงพูดเพื่อยืนยันความปลอดภัย

Selalu melakukan Tunjuk-Sebut untuk pekerjaan berbahaya seperti memasang dan melepas tali pengaman di tempat tinggi. Tunjuk objek dan pastikan keamanannya sambil mengeluarkan suara keras.

မြင့်မားသောနေရာများတွင် လုံခြုံရေးကိုယ်သိုင်းကြိုး အဝတ်၊ အချွတ်စသည့် အန္တရာယ်ရှိသည့်အလုပ်များ အတွက် လက်ညှိုးထိုးအသံထွက်အတည်ပြုခြင်း ကိုမပျက်မကွက်ပြုလုပ်ပါသည်။ ရည်ညွှန်းသည့်အရာဝတ္ထုကို လက်ညှိုးညွှန်ပြပြီး အသံထွက်၍ လုံခြုံမှုကို အတည်ပြုပါသည်။

174 熱中症

STOP！ 熱中症

暑い場所で長時間作業すると、熱中症になり、最悪の場合死に至ることがあります。頻繁に水分を取るなどして予防します。

Stop! Heatstroke

Working for a long time in a hot place can lead to heatstroke, which in the worst case could be fatal. Take steps like drinking water frequently to prevent heatstroke.

STOP！ 中暑

在炎热的地方长时间工作，会引发中暑，严重时会导致死亡。要频繁摄取水分等以防中暑。

NGỪNG LẠI! Sốc nhiệt

Làm việc trong thời gian dài ở những nơi nóng bức có thể khiến bạn bị sốc nhiệt, trường hợp xấu nhất có thể dẫn đến tử vong. Hãy phòng ngừa bằng cách uống nước thường xuyên, v.v...

STOP! โรคลมแดด

การทำงานในสถานที่ ที่ร้อนมากเป็นเวลานาน ๆ อาจทำให้เป็นโรคลมแดดได้ กรณีที่เลวร้ายที่สุด อาจทำให้ถึงแก่ชีวิตได้ เราจะสามารถป้องกันได้ โดยการดื่มน้ำบ่อย ๆ เป็นต้น

STOP! Sengatan Panas

Bekerja dalam waktu lama di tempat panas dapat mengalami Sengatan Panas, dan dalam kasus terburuk, dapat menyebabkan kematian. Cegah dengan sering minum air.

STOP! အပူရှပ်ခြင်း

ပူပြင်းသောနေရာများတွင် အချိန်ကြာမြင့်စွာ အလုပ်လုပ်ပါက အပူရှပ်ခြင်းဖြစ်ပွားပြီး အဆိုးဆုံးအခြေအနေဖြစ်ပါက သေဆုံးခြင်းအထိ ဖြစ်တတ်ပါသည်။ ရေမကြာခဏ သောက်သုံးခြင်းများပြုလုပ်၍ ၎င်းကိုကာကွယ်ရပါသည်။

ユニット 3

建物(たてもの)の構造(こうぞう)

Building structure	建筑物的结构
Kết cấu công trình	โครงสร้างอาคาร
Struktur bangunan	အဆောက်အအုံ၏ ဖွဲ့စည်းမှုပုံစံ

□ 180	はり 梁 hari → p.72		
		beam	梁
		dầm	ขื่อ
		balok	ဘောင်

「梁(はり)を打(う)つ」「梁(はり)をかける」のように使(つか)います。
Used in "梁を打つ" or "梁をかける" (install a beam).
像"梁を打つ""梁をかける"（安装梁）一样使用。
Được sử dụng trong các cụm từ như "梁を打つ", "梁をかける" (lắp đặt dầm).
ถูกใช้เช่น "梁を打つ" หรือ "梁をかける" (ติดตั้งขื่อ)
Istilah ini digunakan seperti "梁を打つ" atau "梁をかける" (memasang balok).
"梁を打つ" "梁をかける" (ဘောင်တပ်ဆင်သည်) ဟူ၍အသုံးပြုသည်။

□ 181	かべ 壁 kabe → p.72		
		wall	墙壁
		tường/vách	ผนัง
		tembok	နံရံ

□ 182	はしら 柱 hashira → p.72		
		pillar	柱子
		cột trụ	เสา
		kolom	တိုင်

□ 183	すらぶ **スラブ** surabu	slab	钢筋混凝土预制板
		tấm bê tông sàn	สแลบ/ พื้นคอนกรีตเสริมแรง
		slab/pelat	စလပ်

「スラブを打つ」「スラブをかける」のように使います。
Used in "スラブを打つ" or "スラブをかける" (pour concrete where the rebar is assembled).
像"スラブを打つ""スラブをかける"（混凝土浇筑在装配钢筋的地方）一样使用。
Được sử dụng trong các cụm từ như "スラブを打つ", "スラブをかける" (đổ bê tông vào cốt thép).
ถูกใช้เช่น "スラブを打つ" หรือ "スラブをかける" (เทปูนลงบนโครงเหล็กเพื่อหล่อพื้น)
Istilah ini digunakan seperti "スラブを打つ" atau "スラブをかける" (menuangkan beton cor ke anyaman besi).
"スラブを打つ" "スラブをかける" (သံတိုင်သံချောင်းများပေါ်တွင် စလပ်လောင်းသည်) ဟူ၍အသုံးပြုသည်။

□ 184	ゆか **床** yuka	floor	地面
		sàn	พื้น
		lantai	ကြမ်းပြင်
□ 185	おくじょう **屋上** okujō	rooftop	屋顶
		nóc/tầng thượng	ดาดฟ้า
		atas atap	အဆောက်အအုံအမိုးပေါ်/ rooftop
□ 186	てんじょう **天井** tenjō	ceiling	天棚
		trần	เพดาน
		langit-langit	မျက်နှာကျက်
□ 187	やね **屋根** yane	roof	房盖
		mái	หลังคา
		atap	ခေါင်မိုး
□ 188	とびら **扉** tobira	door	门
		cửa	ประตู
		pintu	တံခါး
□ 189	かいだん **階段** kaidan	stairs	楼梯
		cầu thang	บันได
		tangga	လှေကား

No.	日本語	English	中文	Tiếng Việt	ภาษาไทย	Bahasa Indonesia	မြန်မာ
□ 190	もくぞう／だぶるぞう **木造／W 造** mokuzō/daburuzō	wooden	木造	kết cấu gỗ	โครงสร้างไม้	konstruksi kayu	သစ်သားဆောက်လုပ်ရေး/ Wဆောက်လုပ်ရေး
□ 191	えすぞう **S 造** esuzō → p.72	steel construction	钢骨结构	kết cấu thép	โครงสร้างเหล็ก	konstruksi baja	သံမဏိဘောင် ဆောက်လုပ်ရေး
□ 192	あーるしーぞう **RC 造** ārushīzō → p.72	reinforced concrete construction	钢筋混凝土结构	kết cấu bê tông cốt thép	โครงสร้างคอนกรีต เสริมเหล็ก	konstruksi beton bertulang	သံကူကွန်ကရစ် ဆောက်လုပ်ရေး
□ 193	えすあーるしーぞう **SRC 造** esuārushīzō → p.72	steel reinforced concrete construction	钢筋钢骨混凝土结构	kết cấu bê tông cốt thép khung thép	โครงสร้างผสมเหล็ก และคอนกรีตเสริมเหล็ก	konstruksi beton bertulang baja	သံကူကွန်ကရစ်သံမဏိ ဘောင်ဆောက်လုပ်ရေး

W造(だぶるぞう)＝木造(もくぞう)
S造(えすぞう)＝鉄骨造(てっこつぞう)
RC造(あーるしーぞう)＝鉄筋(てっきん)コンクリート造(ぞう)
SRC造(えすあーるしーぞう)＝鉄筋鉄骨(てっきんてっこつ)コンクリート造(ぞう)

No.	日本語	English	中文	Tiếng Việt	ภาษาไทย	Bahasa Indonesia	မြန်မာ
□ 194	ぷれきゃすとこんくりーと／ぴーしー **プレキャストコンクリート／PC** purekyasuto-konkurīto/pīshī	precast concrete/ PC	预制混凝土／ PC	bê tông đúc sẵn/PC	โครงสร้างคอนกรีต/ สำเร็จรูป/PC	beton pracetak	Precast ကွန်ကရစ်/PC

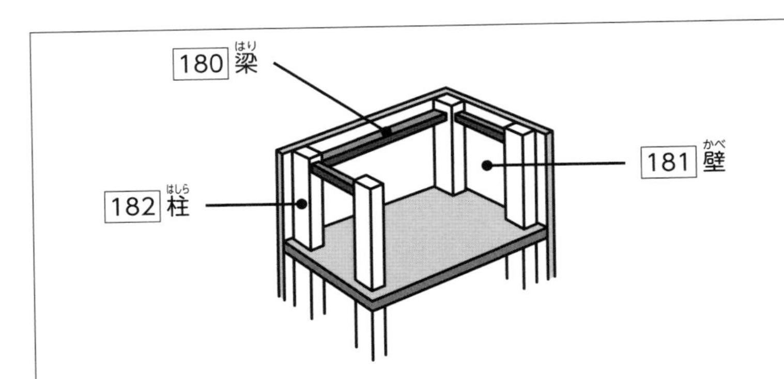

191 ～ 193

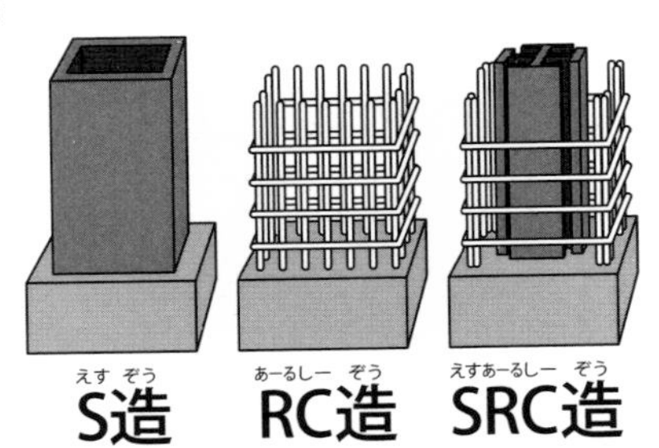

ユニット 4

材料(ざいりょう)・道具(どうぐ)

Materials and Tools　材料・工具

Vật liệu/Dụng cụ　วัสดุ·เครื่องมือ

Bahan dan Alat　ပစ္စည်း၊ ကိရိယာ

□ 195	こんくりーと **コンクリート** konkurīto	concrete	混凝土
		bê tông	คอนกรีต
		beton	ကွန်ကရစ်

コンクリートを打(う)ちます。
Pour the concrete. / 浇筑混凝土。
Đổ bê tông.
เทคอนกรีต
Menuangkan beton.
ကွန်ကရစ် လောင်းမည်။

□ 196	せめんと **セメント** semento	cement	水泥
		xi măng	ซีเมนต์
		semen	ဘိလပ်မြေ
□ 197	こつざい **骨材** kotsuzai	aggregate	骨料
		cốt liệu	วัสดุผสมคอนกรีต
		agregat	ကျောက်စရစ်သဲများ
□ 198	てっこつ **鉄骨** tekkotsu	steel frame	钢骨
		khung thép	โครงเหล็ก
		rangka besi	သံမဏိဘောင်
□ 199	てっきん **鉄筋** tekkin	rebar	钢筋
		cốt thép	คอนกรีตเสริมเหล็ก
		besi tulangan	သံကူချောင်း

☐ 200	こうざい	steel	钢材
	鋼材	vật liệu thép	วัสดุเหล็ก
	kōzai	baja	သံမဏိပစ္စည်း
☐ 201	すな	sand	沙子
	砂	cát	ทราย
	suna	pasir	သဲ
☐ 202	じゃり	gravel	砂砾
	砂利	sỏi	กรวด
	jari	kerikil	ကျောက်စရစ်ခဲ
☐ 203	さいせき	crushed rock	碎石
	砕石	đá dăm	หินบด
	saiseki	kerakal/batu pecah	ကြိတ်ခွဲထားသော ကျောက်တုံး
☐ 204	ようせつ	weld	焊接
	溶接 (する)	hàn	เชื่อม (โลหะ ฯลฯ)
	yōsetsu	mengelas	ဂဟေဆော်သည်

ここに　鉄筋(てっきん)を　溶接(ようせつ)して　ください。
Weld the rebar here. / 请在这里焊接钢筋。
Hãy hàn cốt thép ở đây.
กรุณาเชื่อมคอนกรีตเสริมเหล็กที่นี่
Las-lah besi tulangan di sini.
ဤနေရာတွင် သံကူချောင်းကို ဂဟေဆော်ပါ။

☐ 205	がらす	glass	玻璃
	ガラス	kính	แก้ว
	garasu	kaca	ဖန်
☐ 206	たいる	tile	瓷砖
	タイル	gạch men	กระเบื้อง
	tairu	ubin	ကြွေပြား

□ 207	さっし	window frame	窗框
	サッシ	khung cửa sổ kim loại	กรอบหน้าต่าง
	sasshi	kusen	ပြတင်းပေါက်သံဘောင်
□ 208	たてぐ	doors and windows	门窗
	建具	các loại cửa	บานประตู บานหน้าต่าง
	tategu	pintu dan jendela	လျှောတံခါးပေါက်၏ ရွှေ့သောအပိုင်းနှင့်ဘောင်
□ 209	くい	stake	桩子
	杭	cọc	เสาเข็ม
	kui	patok	တိုင်စိုက်ခြင်း
□ 210	こうぐ	industrial tool	工具
	工具	công cụ	เครื่องมือช่าง
	kōgu	perkakas	စက်မှုလုပ်ငန်းသုံးပစ္စည်းကိရိယာများ
□ 211	ぼると	bolt	螺栓
	ボルト	bu-lông	น็อตตัวผู้
	boruto	baut	မူလီ

すみません。どの　ボルトを　使(つか)いますか。
Excuse me, but which bolts should I use? / 请问。使用哪个螺栓?
Xin lỗi. Dùng bu-lông nào ạ?
ขอโทษนะ จะใช้น็อตตัวผู้อันไหน
Maaf. Baut yang mana yang dipakai?
တစ်စိတ်လောက်။ ဘယ်မူလီကို သုံးရမလဲ။

□ 212	なっと	nut	螺母
	ナット	đai ốc	น็อตตัวเมีย
	natto	mur	နတ်

□ 213	ねじ **ねじ** neji	screw	螺丝
		vít	สกรู/ตะปูเกลียว
		sekrup	ဝက်အူ

すみませんが、ちょっと　その　ねじを　取(と)って　ください。
Excuse me, but could you please pass me those screws? / 劳驾，请把那个螺丝递给我。
Xin lỗi, hãy lấy giùm tôi mấy cái vít đó.
ขอโทษที ช่วยหยิบสกรูอันนั้นให้หน่อย
Maaf, tolong ambilkan sekrup itu.
ကျေးဇူးပြုပြီး၊ တစ်ချက်လောက် အဲ့ဒီဝက်အူကိုယူပေးပါ။

□ 214	くぎ **くぎ** kugi	nail	钉子
		đinh	ตะปู
		paku	စကူ/သံ

どこに　くぎを　打(う)ちますか。
Where should I hammer the nails? / 在哪里钉钉子?
Đóng đinh ở đâu vậy?
จะตอกตะปูที่ไหน
Pakunya dipakukan di mana?
စကူကိုဘယ်မှာဆွဲရမလဲ။/သံကိုဘယ်မှာရိုက်ရမလဲ။

ユニット 5

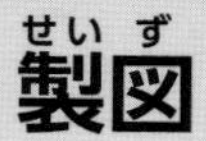

Plans	制图／绘图
Bản vẽ kỹ thuật	การร่างแบบ
Penggambaran	ပုံကြမ်း

□ 215	せっけいず **設計図** sekkeizu → p.82	blueprint	设计图
		bản vẽ thiết kế	พิมพ์เขียว
		gambar rancangan	အဆောက်အအုံဖွဲ့စည်းပုံကို ဆွဲထားသောပုံကြမ်း
□ 216	せこうず **施工図** sekōzu	construction plans	施工图
		bản vẽ thi công	แบบสั่งงาน
		gambar kerja	အကောင်အထည်ဖော် မည့်ပုံကြမ်း
□ 217	しゅんこうず **竣工図** shunkōzu	completion plans	竣工图
		bản vẽ hoàn công	แบบก่อสร้างเสร็จสมบูรณ์
		gambar seusai terbangun	အပြီးသတ်ပုံကြမ်း

215 ～ 217

設計図（せっけいず）
↓
施工図（せこうず）
↓
竣工図（しゅんこうず）

□ 218	せいず	draft plans	制图／绘图
	製図 (する)	vẽ bản vẽ (kỹ thuật)	ร่างแบบ
	seizu	menggambar	ပုံကြမ်းဆွဲသည်

CAD(きゃど)で　製図(せいず)しました。
I used CAD to draft this plan. / 使用 CAD 制图了。
Đã tạo bản vẽ bằng CAD.
ได้ร่างแบบด้วยการใช้ CAD ไปแล้ว
Saya menggambar dengan CAD.
CAD ဖြင့် ပုံကြမ်းဆွဲခဲ့သည်။

□ 219	さくず	draw a diagram	作图
	作図 (する)	vẽ	เขียนแผนผัง
	sakuzu	menggambar	ပုံဆွဲသည်

□ 220	ずけい	diagram	图形
	図形	hình vẽ	แผนภาพ
	zukei	bentuk	ပုံစံ

□ 221	ぐらふ	graph	图表
	グラフ	biểu đồ	กราฟ
	gurafu	grafik	ဂရပ်

□ 222	こうぞうけいさんしょ	structural calculations	结构计算书
	構造計算書	bảng tính toán kết cấu	เอกสารคำนวนด้านโครงสร้าง
	kōzō-keisansho	lembar perhitungan struktur	ဖွဲ့စည်းမှုပုံစံတွက်ချက်စာ

□ 223	すんぽう	dimension	尺寸
	寸法	kích thước	ขนาด
	sunpō	dimensi	အရွယ်အစား အတိုင်းအတာ

寸法(すんぽう)を　はかって　ください。
Measure the dimensions. / 请量一下尺寸。
Hãy đo kích thước.
กรุณาวัดขนาด
Ukurlah dimensinya.
အရွယ်အစားအတိုင်းအတာကို တိုင်းပါ။

□ 224	しゃくど	dimension/scale	尺寸／基准
	尺度	kích thước/tỷ lệ xích	ขนาดความยาว/มาตรวัด
	shakudo	skala/standar	စကေး
□ 225	いち	location/position	位置
	位置	vị trí	ตำแหน่ง
	ichi	posisi	အနေအထား
□ 226	そくてい	measure	测量
	測定 する	cân/đo	วัด/ชั่ง/ตวง
	sokutei	mengukur	တိုင်းတာသည်

柱(はしら)の　寸法(すんぽう)を　測定(そくてい)します。
Measure the dimensions of the pillar. / 测量柱子的尺寸。
Đo đạc kích thước cột trụ.
ทำการวัดขนาดของเสา
Saya mengukur dimensi kolom.
တိုင်၏ အရွယ်အစားအတိုင်းအတာကို တိုင်းတာမည်။

□ 227	じゅうりょう	weight	重量
	重量	trọng lượng	น้ำหนัก
	jūryō	berat	အလေးချိန်

228	おもさ **重さ** omosa	weight	重量
		trọng lượng	ความหนัก/น้ำหนัก
		beratnya	အလေးချိန်

重(おも)さを　はかります。
Measure the weight. / 称重量。
Cân trọng lượng.
ทำการชั่งน้ำหนัก
Saya mengukur beratnya.
အလေးချိန်ကို တိုင်းတာမည်။

い形容詞(けいようし)の「い」を「さ」に変(か)えると、名詞(めいし)になります。(高(たか)い→高(たか)さ)
An i-adjective changes to a noun when the "い" is replaced with "さ". (高い→高さ)
将形容词的"い"换成"さ"时，该词变为名词。(高い→高さ)
Nếu chuyển đuôi "い" của tính từ đuôi "い" thành "さ", từ đó sẽ trở thành một danh từ. (高い→高さ)
หากเปลี่ยนคำคุณศัพท์จาก "い" เป็น "さ" จะกลายเป็นคำนาม (高い→高さ)
Jika "い" dari kata sifat i diganti dengan "さ", menjadi kata benda. (高い→高さ)
i keiyoushi (နာမဝိသေသန) ဖြစ်သော "い" ကို "さ" ဟုပြောင်းလိုက်ပါက၊ noun (နာမ်) ဖြစ်သွားမည်။ (高い→高さ)

229	たかさ **高さ** takasa	height	高度
		chiều cao	ความสูง
		ketinggian	အမြင့်
230	ながさ **長さ** nagasa	length	长度
		chiều dài	ความยาว
		panjangnya	အလျား
231	あつさ **厚さ** atsusa	thickness	厚度
		độ dày	ความหนา
		ketebalan	အထူ
232	かたさ **硬さ** katasa	hardness	硬度
		độ cứng	ความแข็ง
		kekerasan	မာကျောမှု

□ 233	いしょうず	design	外观设计图
	意匠図	bản vẽ kiến trúc	แบบอาคาร
	ishōzu → p.82	gambar arsitektur	အဆောက်အအုံတစ်ခုလုံး၏ပုံကြမ်း
□ 234	いっぱんず	general plan	一般图
	一般図	bản vẽ tổng thể	แบบทั่วไป
	ippanzu → p.82	gambar general	ယေဘုယျပုံကြမ်း
□ 235	へいめんず	floor plan	平面图
	平面図	bản vẽ mặt bằng	แบบแนวราบ
	heimenzu → p.82	gambar tampak atas	အပေါ်စီးမှပြသော ပုံကြမ်း
□ 236	りつめんず	elevation view	立面图
	立面図	bản vẽ mặt đứng	แบบแนวตั้ง
	ritsumenzu → p.82	gambar elevasi	တစ်ဖက်တည်းပြသော ပုံကြမ်း
□ 237	しょうめんず	front view	正视图
	正面図	bản vẽ mặt trước	แบบด้านหน้า
	shōmenzu	gambar tampak depan	အရှေ့ကိုပြသော ပုံကြမ်း
□ 238	そくめんず	side view	侧视图
	側面図	bản vẽ mặt bên	แบบด้านข้าง
	sokumenzu	gambar tampak samping	ဘေးဘက်ကိုပြသော ပုံကြမ်း
□ 239	だんめんず	cross section	截面图
	断面図	bản vẽ mặt cắt	แบบตัดขวาง
	danmenzu → p.82	gambar potongan	ဘေးတိုက်ဖြတ်ပြသော ပုံကြမ်း
□ 240	はいちず	layout	配置图
	配置図	bản vẽ bố trí	แบบแสดงการจัดวาง
	haichizu → p.82	gambar tata letak	လုပ်ကွက်အနေအထား ပုံကြမ်း

□ 241	こうぞうず	structural elevation	结构图
	構造図	bản vẽ kết cấu	แบบโครงสร้าง
	kōzōzu	gambar struktur	ဖွဲ့စည်းမှုပုံစံပုံကြမ်း
□ 242	じくぐみず	framing elevation	框架图
	軸組図	bản vẽ chi tiết cột dầm sàn	แบบโครงหลัก
	jikugumizu	gambar kerangka	တိုင်ဘောင်ပုံများပါသော ထောင့်ဖြတ်ပုံကြမ်း
□ 243	ふせず	framing plan	俯视图
	伏図	bản vẽ mặt bằng kết cấu	แบบแปลน
	fusezu	gambar bingkai	ကြမ်းခင်းဖွဲ့စည်းပုံ၏ ပုံကြမ်း
□ 244	せつびず	equipment plan	设备图
	設備図	bản vẻ trang thiết bị và điện nước	แบบวางอุปกรณ์
	setsubizu	gambar fasilitas	ပိုက်လိုင်းကြိုးများဆက်သွယ်မှုကိုပြသောပုံကြမ်း
□ 245	きじゅんず	base plan	基准图
	基準図	bản vẽ tham chiếu	แบบมาตรฐาน
	kijunzu	gambar standar	ဖွဲ့စည်းပုံအသေးစိတ် ပုံကြမ်း

215、233～236、239～244

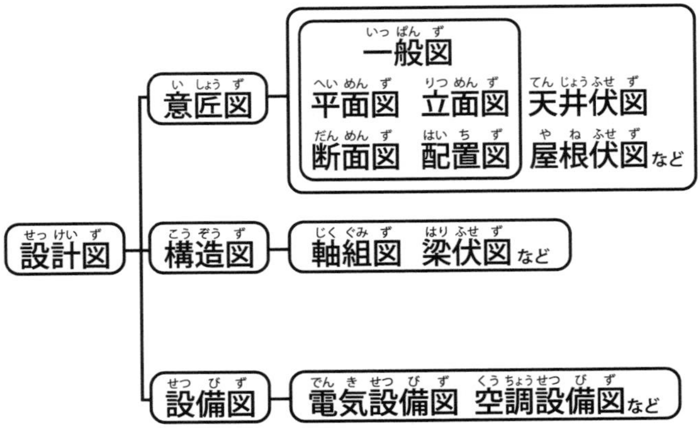

設計図（せっけいず）
- 意匠図（いしょうず）：一般図（いっぱんず）［平面図（へいめんず）　立面図（りつめんず）　断面図（だんめんず）　配置図（はいちず）］　天井伏図（てんじょうふせず）　屋根伏図（やねふせず）など
- 構造図（こうぞうず）：軸組図（じくぐみず）　梁伏図（はりふせず）など
- 設備図（せつびず）：電気設備図（でんきせつびず）　空調設備図（くうちょうせつびず）など

ユニット 6

設備（せつび）

Equipment　设备

Thiết bị　อุปกรณ์

Fasilitas　စက်ပစ္စည်းကိရိယာများ/ Facility

□ 246	せつび	equipment	设备
	設備	thiết bị	อุปกรณ์/เครื่องมือ
	setsubi	fasilitas	စက်ပစ္စည်းကိရိယာများ/ facility
□ 247	でんきせつび	electrical equipment	电气设备
	電気設備	thiết bị điện	อุปกรณ์ไฟฟ้า
	denki-setsubi	fasilitas listrik	လျှပ်စစ်စက်ပစ္စည်းများ
□ 248	くうちょうせつび	air-conditioning	空调设备
	空調設備	thiết bị điều hòa không khí	อุปกรณ์เครื่องปรับอากาศ
	kūchō-setsubi	fasilitas pengatur udara	အခန်းတွင်းလေချိန်ညှိမှု ပစ္စည်းများ
□ 249	えいせいせつび	sanitation facilities	卫生设备
	衛生設備	thiết bị vệ sinh	อุปกรณ์สุขภัณฑ์
	eisei-setsubi	fasilitas sanitasi	သန့်ရှင်းရေး စက်ပစ္စည်းများ
□ 250	そうち	equipment	装置
	装置	thiết bị	อุปกรณ์/เครื่อง
	sōchi	perangkat	စက်ကိရိယာများ
□ 251	きき	device	设备
	機器	máy móc	เครื่อง
	kiki	peralatan	စက်ပစ္စည်းများ

□ 252	でんき	electricity	电
	電気	điện	ไฟฟ้า
	denki	listrik	လျှပ်စစ်
□ 253	かいせん	wire/circuit	通讯线路／电路
	回線	đường truyền/ mạch điện	สาย(ไฟฟ้า/สัญญาณ)
	kaisen	saluran/sirkuit	ဝါယာပတ်လမ်း/ လျှပ်စစ်လမ်းကြောင်း
□ 254	はいせん	wiring	配线
	配線	đi dây	การเดินสายไฟ
	haisen	perkabelan	ဝါယာကြိုးလိုင်း
□ 255	かいろ	circuit	电路
	回路	mạch điện	วงจร
	kairo	sirkuit	လမ်းကြောင်း
□ 256	けーぶる	cable	线缆／电缆
	ケーブル	dây cáp	สายเคเบิล
	kēburu	kabel	ကေဘယ်ကြိုး
□ 257	せつぞく	connect	连接
	接続 (する)	kết nối	เชื่อมต่อ
	setsuzoku	menyambungkan	ချိတ်ဆက်သည်

ここに　その　ケーブルを　接続(せつぞく)して　ください。
Connect the cable here. / 请将那根线缆连接在此处。
Hãy kết nối dây cáp đó ở đây.
กรุณาเชื่อมต่อสายเคเบิลเส้นนั้นที่นี่
Sambungkanlah kabel itu ke sini.
ဤနေရာတွင် ၎င်းကေဘယ်ကြိုးကို ချိတ်ဆက်ပါ။

□ 258	でんせん	electric wire	电线
	電線	dây điện	สายไฟฟ้า
	densen	kabel listrik	လျှပ်စစ်ဝါယာကြိုး

□ 259	ぶんでんばん	distribution panel	配电盘
	分電盤	tủ điện phân phối	แผงกระจายไฟฟ้า
	bundenban	panel distribusi listrik	မိန်းခလုတ်ခုံ
□ 260	せいぎょばん	control panel	控制面板
	制御盤	tủ điện điều khiển	แผงควบคุม
	seigyoban	panel kontrol	ထိန်းချုပ်ရာနေရာ
□ 261	しょうめい	lighting	照明
	照明	chiếu sáng	แสงสว่าง
	shōmei	penerangan	မီးအလင်း
□ 262	はつでん	generate electricity	发电
	発電 (する)	phát điện	ผลิตไฟฟ้า
	hatsuden	membangkitkan listrik	လျှပ်စစ်စွမ်းအင်ထုတ်လုပ်သည်
□ 263	でんりょく	electric power	电力
	電力	điện năng	พลังงานไฟฟ้า
	denryoku	daya listrik	လျှပ်စစ်စွမ်းအင်
□ 264	でんあつ	voltage	电压
	電圧	điện áp	แรงดันไฟฟ้า
	den'atsu	tegangan listrik	ဗို့အား
□ 265	でんりゅう	electric current	电流
	電流	cường độ dòng điện	กระแสไฟฟ้า
	denryū	arus listrik	လျှပ်စစ်စီးကြောင်း

ユニット 7

くうちょうせつび
空調設備

Air-conditioning

空调设备

Thiết bị điều hòa không khí

อุปกรณ์เครื่องปรับอากาศ

Fasilitas pengatur udara

အခန်းတွင်းလေချိန်ညှိမှုစက်များ

□ 266	くうちょう **空調** kūchō	air-conditioning	空调
		điều hòa không khí	การปรับอากาศ
		pengaturan udara	လေချိန်ညှိမှု
□ 267	くうちょうき **空調機** kūchōki	air-conditioner	空调机
		máy điều hòa không khí	เครื่องปรับอากาศ
		alat pengatur udara	လေချိန်ညှိစက်
□ 268	だんぼう **暖房** danbō	heater	供暖设备
		máy sưởi	เครื่องทำความอุ่น
		pemanas	အခန်းတွင်း အပူပေးစက်
□ 269	れいぼう **冷房** reibō	cooler	冷气设备
		máy lạnh	เครื่องทำความเย็น
		pendingin	လေအေးပေးစက်
□ 270	かんき **換気** (する) kanki	ventilate	换气
		thông gió	ถ่ายเทอากาศ
		menyirkulasi udara	လေသန့်စင်သည်

この 装置(そうち)で 24時間(じかん) 建物(たてもの)の 換気(かんき)を して います。

This equipment ventilates the building 24 hours a day. / 使用这个装置给建筑物 24 小时换气。

Thông gió cho tòa nhà 24 tiếng/ngày bằng trang thiết bị này.

ด้วยอุปกรณ์ตัวนี้อากาศในอาคารจะถ่ายเทตลอด 24 ชั่วโมง

Perangkat ini melakukan sirkulasi udara gedung ini selama 24 jam.

ဤစက်ကိရိယာဖြင့် 24နာရီ အဆောက်အအုံ လေသန့်စင်ခြင်းကို လုပ်ဆောင်နေသည်။

□ 271	ねつ **熱** netsu	heat	热
		nhiệt	ความร้อน
		panas	အပူ
□ 272	えあこん **エアコン** eakon	air-conditioner	空调
		máy điều hòa	เครื่องปรับอากาศ
		AC	အဲယားကွန်း
□ 273	ふぃるたー **フィルター** firutā	filter	过滤器
		bộ lọc	ฟิลเตอร์
		filter	ညစ်ညမ်းလေကို စစ်သည့်ကိရိယာ
□ 274	こんぷれっさー **コンプレッサー** konpuressā	compressor	压缩机
		máy nén	คอมเพรสเซอร์
		kompresor	လေဖိသိပ်စက်
□ 275	ぼいらー **ボイラー** boirā	boiler	锅炉
		lò hơi	บอยเลอร์
		boiler	ဘွိုင်လာ
□ 276	はいかん **配管** haikan	piping	配管
		đường ống	การวางท่อ
		perpipaan	ပိုက်ဆက်သွယ်မှု
□ 277	だくと **ダクト** dakuto	duct	管道
		ống gió	ท่อ
		saluran	ပြွန်

ユニット 8

メンテナンス

(めんてなんす)

Maintenance / 维修保养 / Bảo trì / การซ่อมบำรุง / Pemeliharaan / ထိန်းသိမ်းခြင်း

□ 278	こしょう **故障** (する) koshō	break down	发生故障
		hỏng	เสีย/ชำรุด/ขัดข้อง
		rusak	ပျက်သည်

空調機が　故障しました。
The air-conditioning broke down. / 空调机发生了故障。
Máy điều hòa không khí đã bị hỏng.
เครื่องปรับอากาศชำรุด
Alat pengatur udaranya rusak.
လေချိန်ညှိစက် ပျက်သွားသည်။

□ 279	しょうえね **省エネ** shōene	saving energy	节能
		tiết kiệm năng lượng	ประหยัดพลังงาน
		hemat energi	စွမ်းအင်ချွေတာခြင်း
□ 280	せいぎょ **制御** (する) seigyo	control	控制
		điều khiển	ควบคุม
		mengontrol	ထိန်းချုပ်သည်

空調は　この　機械で　自動制御して　います。
This device controls the air-conditioning automatically. / 用这台机器自动控制空调。
Việc điều hòa không khí được điều khiển tự động bằng máy này.
ควบคุมการปรับอากาศอัตโนมัติด้วยเครื่องจักรนี้
Pengaturan udara dikontrol secara otomatis dengan mesin ini.
လေချိန်ညှိမှုကို ဤစက်ဖြင့် အလိုအလျောက်ထိန်းချုပ်နေသည်။

281	せいび 整備（する） seibi	maintain/service	维修
		bảo trì sửa chữa	เตรียมความพร้อม/ซ่อมบำรุง
		merawat	ထိန်းသိမ်းပြင်ဆင်သည်

今から　1時間くらい　機械を　整備します。
We will be servicing the machinery for the next hour or so.
从现在开始大约 1 个小时对机器进行维修。
Chúng tôi sẽ bảo trì sửa chữa máy trong khoảng 1 tiếng kể từ bây giờ.
ประมาณ 1 ชั่วโมงต่อจากนี้ไป เราจะทำการเตรียมความพร้อมเครื่องจักร
Dari sekarang kita akan merawat mesin selama sekitar 1 jam.
အခုကနေ 1 နာရီလောက် စက်ကိုထိန်းသိမ်းပြင်ဆင်ပါမည်။

282	ほしゅ 保守（する） hoshu	maintain	保养
		bảo dưỡng	ซ่อมบำรุง
		memelihara	ပြုပြင်ထိန်းသိမ်းသည်

エレベーターは　今　保守作業を　して　います。
The elevator is currently undergoing maintenance now. / 电梯正在进行保养作业。
Thang máy hiện đang được bảo dưỡng.
ตอนนี้ลิฟต์กำลังอยู่ในระหว่างการซ่อมบำรุง
Elevator sedang dalam proses pemeliharaan sekarang.
ဓာတ်လှေကားကို ယခု ပြုပြင်ထိန်းသိမ်းမှု လုပ်ဆောင်နေပါသည်။

283	てんけん 点検（する） tenken	inspect	检查
		kiểm tra	ตรวจสอบ
		memeriksa	စစ်ဆေးသည်

分電盤を　点検して　ください。
Inspect the distribution panel. / 请检查配电盘。
Hãy kiểm tra tủ điện phân phối.
กรุณาตรวจสอบแผงกระจายไฟฟ้า
Periksalah panel distribusi listrik.
မိန်းခလုတ်ခုံကို စစ်ဆေးပါ။

284	とりあつかいせつめいしょ 取り扱い説明書 toriatsukai-setsumeisho	user manual	使用说明书
		bản hướng dẫn sử dụng	คู่มือการใช้งาน
		buku petunjuk pemakaian	အသုံးပြုသူလက်စွဲ

ユニット 9

作業（さぎょう）

Work	作业
Công việc	การทำงาน
Pekerjaan	လုပ်ငန်း

□ 285	せこうかんり	construction management	施工管理
	施工管理	quản lý thi công	การควบคุม การก่อสร้าง
	sekō-kanri → p.91	manajemen konstruksi	အကောင်အထည်ဖော် စီမံခြင်း
□ 286	こうていかんり	process control	工序管理
	工程管理	quản lý kế hoạch tiến độ thi công	การควบคุม ขั้นตอนงาน
	kōtei-kanri → p.91	manajemen proses	လုပ်ငန်းစဉ်စီမံခြင်း
□ 287	あんぜんかんり	safety control	安全管理
	安全管理	quản lý an toàn	การควบคุม ความปลอดภัย
	anzen-kanri → p.91	manajemen keselamatan	ဘေးအန္တရာယ်ကင်းရေး စီမံခြင်း
□ 288	げんかかんり	cost control	成本管理
	原価管理	quản lý chi phí	การควบคุมต้นทุน
	genka-kanri → p.91	manajemen biaya	ကုန်ကျစရိတ်စီမံခြင်း

132、285～288

289	こうき **工期** kōki	construction period	工期
		thời hạn thi công	ระยะเวลาก่อสร้าง
		periode konstruksi	ဆောက်လုပ်ရေးအတွက် သတ်မှတ်ကာလ

工期が　1週間　遅れました。

The construction period was delayed by one week. / 工期被推迟了一个星期。

Đừng chậm trễ thời hạn thi công.

ระยะเวลาก่อสร้างได้เกิดความล่าช้า 1 สัปดาห์

Periode konstruksi terlambat 1 minggu.

ဆောက်လုပ်ရေးအတွက်သတ်မှတ်ကာလထက် တစ်ပတ်နောက်ကျသွားပါပြီ။

290	せっち **設置** (する) setchi	install	设置
		bố trí	ติดตั้ง
		menempatkan	တပ်ဆင်သည်

「設置する」「据え付ける」はどちらも物を置いたり備え付けたりすることですが、「据え付ける」はさらに動かないように固定することです。

Both “設置する” and “据え付ける” refer to putting or installing things in place. “据え付ける” refers to fitting something in place so that it is unmovable.

“設置する” “据え付ける” 都是放置和安放东西的意思，但 “据え付ける” 具有进一步固定，使之不动的意思。

“設置する”, “据え付ける” đều chỉ việc đặt, để, trang bị một vật nào đó, nhưng “据え付ける” còn có nghĩa là cố định để vật không thể di chuyển.

ไม่ว่าจะ “設置する” หรือ “据え付ける” ก็หมายถึงจัดวางสิ่งของเพื่อติดตั้ง แต่ “据え付ける” หมายถึงการติดตั้งโดยยึดไว้กับที่ด้วย

Baik “設置する” maupun “据え付ける” memiliki arti meletakkan barang atau memperlengkapi, namun “据え付ける” memiliki arti memasang secara lebih kokoh supaya tidak bergerak.

“設置する” “据え付ける” တို့မှာ နှစ်ခုလုံး ပစ္စည်းများကို နေရာချခြင်း၊ တပ်ဆင်ခြင်း ဖြစ်သော်လည်း၊ “据え付ける” မှာ ပို၍ မလှုပ်စေရန်ပုံသေတပ်ဆင်ခြင်းဖြစ်သည်။

□ 291	すえつける **据え付ける** suetsukeru	install	安装
		lắp đặt	ติดตั้งไว้กับที่
		memasang	ငြိမ်အောင်တပ်ဆင်သည်

ここに　空調機(くうちょうき)を　据(す)え付(つ)けて、下(した)に　消火器(しょうかき)を　設置(せっち)します。

Install the air-conditioner here and install a fire extinguisher under it.

在这里安装空调机，下面设置灭火器。

Lắp đặt máy điều hòa không khí ở đây, và bố trí bình chữa cháy bên dưới.

เครื่องปรับอากาศจะติดตั้งไว้กับที่ตรงนี้ แล้วถังดับเพลิงจะติดตั้งไว้ที่ด้านล่าง

Alat pengatur udara dipasang di sini, dan alat pemadam api dipasang di bawah.

ဤနေရာ၌လေချိန်ညှိစက်ကိုငြိမ်အောင်တပ်ဆင်ပြီး၊အောက်တွင်မီးသတ်ဆေးဘူးကိုတပ်ဆင်မည်။

□ 292	せってい **設定** (する) settei	set	设定
		cài đặt	ตั้งค่า
		mengatur	သတ်မှတ်သည်

制御盤(せいぎょばん)で　温度(おんど)を　設定(せってい)します。

Set the temperature using the control panel. / 用控制面板设定温度。

Dùng tủ điện điều khiển để cài đặt nhiệt độ.

ตั้งค่าอุณหภูมิด้วยแผงควบคุม

Suhu udara diatur dengan panel kontrol.

ထိန်းချုပ်ရာနေရာတွင် အပူချိန်ကို သတ်မှတ်မည်။

□ 293	さくせい **作成** (する) sakusei	make	制作
		tạo/soạn	จัดทำ
		membuat	ပြုလုပ်သည်

明日(あした)までに　工程表(こうていひょう)を　作成(さくせい)して　ください。

Please make a process chart by tomorrow. / 请在明天之前制作工程表。

Hãy soạn bảng kế hoạch tiến độ thi công trước ngày mai.

กรุณาทำตารางขั้นตอนงานให้เสร็จภายในพรุ่งนี้

Buatlah tabel proses paling lambat besok.

မနက်ဖြန်အထိ လုပ်ငန်းစဉ်ဇယားကို ပြုလုပ်ပါ။

294	うんてん **運転** (する) unten	drive/operate	驾驶／运转
		lái/vận hành	ขับ(รถ ฯลฯ)/เดินเครื่อง
		menyetir/mengoperasikan	မောင်းနှင်သည်/စက်မောင်းသည်

フォークリフトを　運転(うんてん)して　作業(さぎょう)します。
Do the work by operating a forklift. / 驾驶叉车进行作业。
Lái xe nâng để tiến hành công việc.
เราใช้การขับรถยกในการปฏิบัติงาน
Saya mengerjakannya dengan mengoperasikan forklif.
Forkliftကားကို မောင်းနှင်ပြီး လုပ်ငန်းလုပ်မည်။

295	そうさ **操作** (する) sōsa	operate	操作
		thao tác	ควบคุมการทำงาน(เครื่อง,เครื่องจักร)
		mengoperasikan	လည်ပတ်သည်

ここから　機械(きかい)を　操作(そうさ)します。
We will operate the machinery from here. / 从这里操作机器。
Thao tác máy móc từ đây.
ควบคุมการทำงานเครื่องจักรจากตรงนี้
Mengoperasikan mesin dari sini.
ဤနေရာမှ စက်ကိုလည်ပတ်မည်။

296	へんこう **変更** (する) henkō	change	变更
		thay đổi	เปลี่ยนแปลง
		mengubah	ပြောင်းလဲသည်

来月(らいげつ)の　予定(よてい)を　変更(へんこう)しました。
I have changed the plans for next month. / 我变更了下个月的计划。
Tôi đã thay đổi dự định cho tháng tới.
เปลี่ยนแปลงกำหนดการของเดือนหน้าแล้ว
Saya telah mengubah jadwal bulan depan.
နောက်လအတွက် ကြိုတင်စီမံချက်ကို ပြောင်းလဲလိုက်သည်။

297	しゅうせい **修正** (する) shūsei	correct	修正／修改
		chỉnh	แก้ไข
		memperbaiki	ပြင်ဆင်သည်

すみませんが、建具(たてぐ)の　位置(いち)を　修正(しゅうせい)して　ください。
Excuse me, but please reposition the door. / 劳驾，请修改门窗的位置。
Xin lỗi, vui lòng chỉnh lại vị trí của các loại cửa.
ขอโทษที กรุณาแก้ไขตำแหน่งของบานประตูด้วย
Maaf, tolong perbaiki posisi pintu dan jendela.
ကျေးဇူးပြုပြီး၊ လျှောတံခါးပေါက်၏ ရွှေ့သောအပိုင်းနှင့်ဘောင် အနေအထားကိုပြင်ဆင်ပေးပါ။

298	もどす **戻す** modosu	return	放回去
		trả lại	นำกลับคืนที่เดิม
		mengembalikan	ပြန်ထားသည်

終(お)わりましたか。じゃ、工具(こうぐ)を　戻(もど)して　ください。
Are you finished? Then please return the tools. / 结束了吗？　那么，请把工具放回去。
Bạn đã làm xong chưa? Vậy, hãy trả các công cụ về lại chỗ cũ.
เสร็จแล้วหรือ ถ้าอย่างนั้น กรุณานำเครื่องมือช่างกลับคืนที่เดิมด้วย
Apakah sudah selesai? Kalau begitu, kembalikanlah perkakasnya.
ပြီးသွားပြီလားအဲဒါဆို စက်မှုသုံးစက်ကိရိယာတွေကို ပြန်ထားပါ။

299	けいさん **計算** (する) keisan	calculate	计算
		tính toán	คำนวณ
		menghitung	တွက်ချက်သည်

コストを　計算(けいさん)します。
I'll calculate the costs. / 计算成本。
Tôi sẽ tính toán chi phí.
คำนวณค่าใช้จ่าย
Saya menghitung biaya.
ကုန်ကျစရိတ်ကို တွက်ချက်မည်။

300	かいせき **解析** (する) kaiseki	analyze	分析
		phân tích	วิเคราะห์
		menganalisis	ခွဲခြမ်းစိတ်ဖြာသည်

索引（さくいん） Index 索引 Tra cứu ดัชนีคำศัพท์ Indeks အညွှန်း

著者　一般財団法人 海外産業人材育成協会（AOTS／エーオーティーエス）
The Association for Overseas Technical Cooperation and Sustainable Partnerships

執筆者　杉山充　AOTS 総合研究所 グローバル事業部　日本語教育センター長
清水美帆　AOTS 総合研究所 グローバル事業部　日本語教育センター

協力者　内海陽子、大神隆一郎、志村拓也、常次亨介、平野貴昭、宮本真一

協力企業　株式会社エヌエー・プラン、Aureole Construction Software Development Inc.、株式会社近藤組、株式会社 JFE 設計、昭和コンクリート工業株式会社、大成設備株式会社、株式会社竹中土木、戸田建設株式会社、富士古河 E&C 株式会社、有限会社ホウザキ

イラスト　株式会社アット イラスト工房

装丁・本文デザイン　梅津由子

ゲンバの日本語　単語帳　建設・設備
働く外国人のためのことば

2022 年 1 月 20 日　初版第 1 刷発行
2023 年 3 月 9 日　第 2 刷 発 行

著　者　一般財団法人 海外産業人材育成協会
発行者　藤嵜政子
発　行　株式会社スリーエーネットワーク
〒102-0083　東京都千代田区麹町 3 丁目 4 番
トラスティ麹町ビル 2 F
電話　営業　03（5275）2722
編集　03（5275）2725
https://www.3anet.co.jp/
印　刷　萩原印刷株式会社

ISBN978-4-88319-900-6　C0081